工程质量安全手册图解

（质量部分）

唐山市住房和城乡建设局　组编

知识产权出版社
全国百佳图书出版单位
—北京—

图书在版编目（CIP）数据

工程质量安全手册图解．质量部分/唐山市住房和城乡建设局组编．—北京：知识产权出版社，2020.12
ISBN 978-7-5130-7337-0

Ⅰ.①工… Ⅱ.①唐… Ⅲ.①建筑工程—安全管理—手册②建筑工程—工程质量—质量管理—手册 Ⅳ.①TU714-62

中国版本图书馆 CIP 数据核字（2020）第 248395 号

内容提要

本书包含地基与基础工程、钢筋工程、混凝土工程、钢结构工程、装配式混凝土工程、砌体工程、防水工程、装饰装修工程、给排水及采暖工程、通风与空调工程、电气工程、市政工程共 12 章，体现了技术规范、工艺标准的最新要求，统一了现场施工工艺、过程质量控制的标准做法。全书涵盖了工程施工中重要环节的技术要求、工艺做法和实施效果，重点体现了如何保证和提高工程实体质量。

本书适合建设、施工、监理、质量安全监督等管理部门和相关单位的工程质量管理人员参考使用。

责任编辑：刘 嚭	**责任校对**：潘凤越
封面设计：红石榴文化·王英磊	**责任印制**：刘译文

工程质量安全手册图解（质量部分）

唐山市住房和城乡建设局　组编

出版发行：	知识产权出版社有限责任公司	网　址：	http://www.ipph.cn
社　址：	北京市海淀区气象路 50 号院	邮　编：	100081
责编电话：	010-82000860 转 8119	责编邮箱：	liuhe@cnipr.com
发行电话：	010-82000860 转 8101/8102	发行传真：	010-82000893/82005070/82000270
印　刷：	三河市国英印务有限公司	经　销：	各大网上书店、新华书店及相关专业书店
开　本：	787mm×1092mm 1/16	印　张：	20.25
版　次：	2020 年 12 月第 1 版	印　次：	2020 年 12 月第 1 次印刷
字　数：	388 千字	定　价：	120.00 元

ISBN 978-7-5130-7337-0

编写单位及参编人员名单

组 编 单 位：唐山市住房和城乡建设局

主 编 单 位：唐山市建设工程质量监督检测站 唐山市建筑工程质量协会 昱邦房地产开发集团有限公司

主要编写人员：侯立国　张志海　陈建春　王　永　刘国旺　申泽文　赵敬源　张晓峰　李淑娟　杨　平
　　　　　　　钱丽华　蔡镀锦　裴国强　荣　华　佟建楠　高锡贤　赵　磊　张立军　赵　青　陈　红
　　　　　　　蒋雨蓉　张艳荣　刘志松　王立武　赵宏扬　姜丽丽　周　钊　辛曙光　李志永　李　毅
　　　　　　　姚鸾英　王皓伟　周永会　王　悦　刘　波　王晨光　李军杰　赵晓慧

审 核 人 员：冯永辉　任　民　王文礼　彭　强　刘延平　陈艳荣　张大伟　张旭东　庄丽辉　汪敏玲
　　　　　　　宋泽华　高小强　贾开武　程启国　杨仲林

前　言

　　为完善企业质量安全管理体系，规范企业质量安全行为，落实企业主体责任，提高质量安全管理水平，保证工程质量安全，提高人民群众满意度，推动建筑行业高质量发展，住房和城乡建设部于 2018 年 9 月发布了《工程质量安全手册》（试行）。为配合该手册在建设工程中实施，我们针对其中第三章"工程实体质量控制"部分编制了具有当地工程建设特色的图解内容。书中配以大量样板工程施工图片，图文并茂、形象直观，具有一定的实用性、指导性和可操作性。

　　建设、施工、监理、质量安全监督等单位相关人员应深入学习了解《工程质量安全手册图解》的各项内容，掌握其要领，提升业务能力，并将《工程质量安全手册图解》与现行国家和地方规范、技术标准、技术规程、标准图集配合使用，大力促进质量安全标准化，加强施工现场管控，以提高工程质量安全管理水平。本手册经编制单位广泛调研，认真总结实践经验，参考了有关现行规范、标准、图集等编制而成。参加编写的主要人员来自建设、勘察设计、施工、监理、检测、监督和高等院校等单位，具有较高的专业知识水平和丰富的工程建设经验。

　　由于编者能力有限，加之成书仓促，书中不足之处在所难免，望广大同行不吝指正，可将您的意见或建议通过电子邮件发至 tsgczlxh@163.com。我们诚听建言！

编　者

目　录

第1章 地基与基础工程

1.1 基坑工程

子项名称	编号
基坑工程专项施工方案的编制、审核、审批、论证、验收（一）	1-001

照片/CAD 展示图	控制要点
	下述属于危险性较大和超过一定规模的分部分项基坑工程，均应单独编制专项施工方案。 　　1. 基坑（槽）工程：开挖深度超过 3m（含 3m），以及虽未超过 3m 但地质条件和周边环境复杂或影响周边建筑（设施）安全的基坑土方开挖、支护、降水工程。 　　2. 深基坑（槽）工程：开挖深度超过 5m（含 5m）的基坑土方开挖、支护、降水工程。 　　3. 专项施工方案编制和审核、论证要求：基坑工程施工前应根据《危险性较大的分部分项工程安全管理规定》（中华人民共和国住房和城乡建设部令第 37 号）文件规定，由施工企业技术部门组织本单位施工技术、安全、质量等部门的专业技术人员对施工企业编制的专项施工方案进行审核，由施工企业技术负责人签字，加盖单位法人公章后报监理企业，由项目总监理工程师审签并加盖执业资格注册章。危险性较大的基坑工程专项施工方案应按规定组织专家论证，参加单位不少于建设、勘察、设计、施工、监理五方责任主体。基坑周边环境或施工条件发生变化，如基坑支护结构受到周边环境、开挖深度改变等影响较大，需改变原施工方案的，或基坑停工超过设计使用时限的，应重新进行检测、修改、审核、审签、论证。

子项名称	编号
基坑工程专项施工方案的编制、审核、审批、论证、验收（二）	1－002

照片/CAD 展示图	控制要点
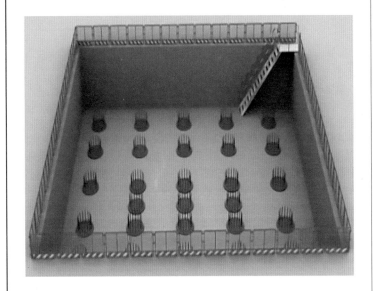	4. 危险性较大的工程专项施工方案的主要内容。 （1）工程概况：危险性较大的工程概况和特点、施工平面布置、施工要求和技术保证条件。 （2）编制依据：相关法律、法规、规范性文件、标准、规范及施工图设计文件、施工组织设计等。 （3）施工计划：包括施工进度计划、材料与设备计划。 （4）施工工艺技术：技术参数、工艺流程、施工方法、操作要求、检查要求等。 （5）施工安全保证措施：组织保障措施、技术措施、监测监控措施等。 （6）施工管理及作业人员配备和分工：施工管理人员、专职安全生产管理人员、特种作业人员、其他作业人员等。 （7）验收要求：验收标准、验收程序、验收内容、验收人员等。 （8）应急处置措施。 （9）计算书及相关施工图纸。 5. 验收：基坑回填合格后进行验收，参加单位为建设、勘察、设计、施工、监测、监理单位。

子项名称	编号
基坑支护措施选择	1-003

照片/CAD 展示图	控制要点

一、基坑（槽）开挖与支护经常采取的支护措施

开挖深度较大或边坡存在有影响的建筑（设施）等复杂环境条件时，应详细查明地层、地下水和环境条件，分析基坑边坡稳定和变形允许条件，按《建筑基坑支护技术规程》（JGJ 120—2012）中的适用规定，一般可选择的开挖与支护方法为：单级或多级自然放坡法、土工钉墙法、重力式水泥土墙法、复合土钉墙法、悬臂式排桩法、咬合桩法、排桩+锚杆联合法、桩墙+内支撑联合法、多排桩墙法、拱形桩墙法等各种形式的支护结构。

二、自然放坡的坡率应符合专项施工方案和规范要求

1. 施工时应严格按设计及施工方案内容，对不同土质按不同放坡率进行放坡。

2. 下列边坡不应采用坡率法 [《建筑边坡工程技术规范》（GB 50330—2013）]：①放坡开挖对拟建或相邻建（构）筑物有不利影响的边坡；②地下水发育的边坡；③欠固结新近堆积的填土、软土、湿陷黄土、膨胀土等稳定性差的边坡。

3. 放坡坡率允许值宜按勘察报告、区域性工程经验、相关规范标准等选取。

子项名称	编号
基坑变形监测	1–004

照片/CAD 展示图	控制要点

基坑工程变形检测值（mm）

基坑类别	维护结构墙顶位移监控值	围护结构墙体最大位移监控值	地面最大沉降监控值
一级基坑	30	84	30
二级基坑	60	80	60
三级基坑	80	100	100
备 注	实际监控值以专项方案设计值为准		

控制要点：

基坑变形监测由建设方委托具备资质的第三方进行，基坑监测方案需按照基坑工程专项方案和规范要求编制，经建设、施工、监理等相关单位审核后与基坑开挖与支护工程同步实施，参见《建筑基坑工程监测技术标准》（GB 50497—2019）中的相关内容。

1. 危险性较大的工程监测方案的主要内容包括：工程概况、监测依据、监测内容、监测方法、人员及设备、测点布置与保护、监测频次、预警标准及监测成果报送等。

2. 基坑工程监测报警值应符合基坑工程设计要求的限值、地下主体结构设计要求，以及监测对象的控制要求。

3. 基坑工程监测报警值应以监测项目的累计变化量和变化速率两个值控制。

4. 围护墙施工、基坑开挖以及降水引起的基坑内外地层位移应按下列条件控制。

（1）不得导致基坑的失稳。

（2）不得影响地下结构的尺寸、形状和地下工程的正常施工。

（3）对周边已有建（构）筑物引起的变形不得超过相关技术规范的要求。

（4）不得影响周边道路、地下管线等正常使用。

（5）满足特殊环境的技术要求。

5. 基坑及支护结构监测报警值应根据监测项目、支护结构的特点和基坑等级确定。

子项名称	编号
降水井点、排水沟槽或排水管道设置	1－005

照片/CAD 展示图	控制要点

各种降水方法的适用条件参照表

方法	土类	渗透系数/ (m/d)	降水深度/m
管井	粉土、砂土、碎石土	0.1～200	不限
真空井点	黏性土、粉土、砂土	0.05～20	单级井点 <6 多级井点 <20
喷射井点	黏性土、粉土、砂土	0.05～20	>20
备注	根据区域降水经验的其他降水方法		

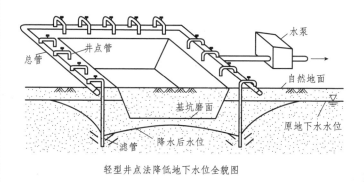

轻型井点法降低地下水位全貌图

控制要点

基坑开挖深度范围内有地下水应采取有效的降排水措施。基坑的上、下部和周边应设置排水系统，流水坡向及坡率应合理，按规范允许间距设置集水坑（沉淀池），避免砂土流入市政管网，参见《建筑基坑支护技术规程》（JGJ 120—2012）中的相关内容。

1. 基坑降水可采用明排、管井、真空井点、喷射井点等方法，并参照图示表格选用。

2. 基坑内的设计降水水位应低于基坑底面 0.5m。当主体结构的电梯井、集水井等部位使基坑局部加深时，应按其深度考虑调整设计降水水位或对其另行采取局部地下水控制措施。

3. 当采用截水结合坑外减压降水的地下水控制方法时，尚应规定降水井水位的最大和暴雨时降深值。

4. 各降水井井位应沿基坑周边以一定间距形成闭合状。当地下水流速较小时，降水井宜等间距布置；当地下水流速较大时，在地下水补给方向宜适当减小降水井间距。对宽度较小的狭长形基坑，降水井也可在基坑一侧布置。

5. 基坑顶部设置排水沟或排水管道时，距基坑顶部边缘不得小于 2m，并做好防渗措施。

6. 基坑边沿周围地面、坡面、坡脚应采取疏排水措施并及时排除积水。

子项名称	编号
基坑开挖	1 – 006

照片/CAD 展示图	控制要点
	支护结构必须达到设计的强度后进行下道工序，严格要求分段均衡开挖。 1. 对采用预应力锚杆的支护结构，应在施加预加力后再开挖下层土。 2. 开挖面上方的锚杆、土钉、支撑等未达到设计要求时，严禁超挖。 3. 施工过程中，严禁设备或重物碰撞支撑、腰梁、锚杆等基坑支护结构，亦不得在支护结构上放置或悬挂重物。 4. 开挖至锚杆、土钉施工作业面时，开挖面与锚杆、土钉的高差不宜大于500mm。控制分区开挖面积、分层开挖深度和开挖速度，及时设置锚杆或支撑，从各个方面控制时间和空间对基坑变形的影响。 5. 软土基坑开挖尚应符合下列规定。 （1）应按分层、分段、对称、均衡、适时的原则开挖。 （2）当主体结构采用桩基础且基础桩已施工完成时，应根据开挖面下软土的性状，限制每层开挖厚度。 （3）对采用内支撑的支护结构，宜采用开槽法浇筑混凝土支撑或安装钢支撑。 （4）对重力式水泥土墙，沿水泥土墙每一开挖区段的长度不宜大于40m。 6. 基坑土方应严格按照开挖方案分区、分层开挖，贯彻先锚固（支撑）后开挖、边开挖边监测、边开挖边防护的原则，严禁超深挖土。

子项名称	编号
基坑开挖对支护结构、工程桩和基底原状土的保护要求	1-007

照片/CAD 展示图	控制要点
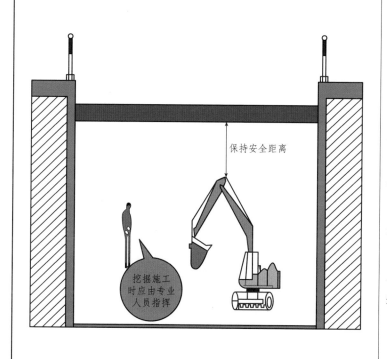保持安全距离 挖掘施工时应由专业人员指挥	1. 施工过程应结合现场的施工环境，选择合适的开挖机械进行土方开挖。 2. 在工程桩周边进行开挖时，宜适当在工程桩周边安装护栏或在合适的地方悬挂警示标志。 3. 注意开挖面的能见度，必要时，需安装照明灯具进行补光。夜间施工宜在作业区附近张贴反光标志。 4. 开挖过程，专业人员应旁站指挥，确保开挖过程不碰撞支护结构。测量人员需加强开挖面标高的监测，防止超挖。 5. 机械开挖时，应在基坑及坑壁留300～500mm厚土层，用人工挖掘修整；如有超挖现象，应保持原状，不得虚填，经验槽后进行处理。

子项名称	编号
基坑边部堆载限制要求	1－008

照片/CAD 展示图	控制要点
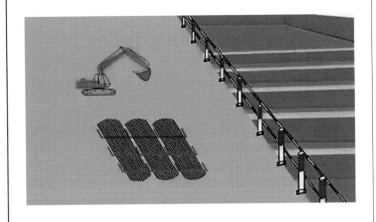	1. 施工机械与基坑边沿的安全距离必须符合设计计算书的限定要求。 2. 在垂直的坑壁边，安全距离还应适当加大，软土地区不宜在基坑边堆置弃土。 3. 施工机具设备停放的位置必须平稳，大、中型施工机具距坑边距离应根据设备重量、基坑支撑情况、土质情况等，经计算确定。

子项名称	编号
基坑安全防护栏设置	1-009

照片/CAD 展示图	控制要点

开挖深度 2m 及以上的基坑周边必须按规范要求设置防护栏杆，且防护栏杆设置必须符合规范要求。开挖深度 2m 及以上的基坑周边必须按规范要求设置人员安全通道，且安全通道应满足逃生间距不大于 50m，参见《建筑施工土石方工程安全技术规范》（JGJ 180—2009）中的相关内容。

1. 防护栏杆高度不应低于 1.2m。

2. 防护栏杆应由横杆及立杆组成；横杆应设 2~3 道，下杆离地高度宜为 0.3~0.6m，上杆离地高度宜为 1.0~1.2m；立杆间距不宜大于 2.0m，立杆离坡边距离宜大于 0.5m。

3. 防护栏杆宜加挂密目安全网和挡脚板；安全网应自上而下封闭设置；挡脚板高度不应小于 180mm，挡脚板下沿离地高度不应大于 10mm。

4. 防护栏杆的材料要具有足够的强度，需安装牢固，上杆应能受任何方向大于 1kN 的外力。

子项名称	编号
基坑内和地面降水井防护	1-010

照片/CAD 展示图	控制要点
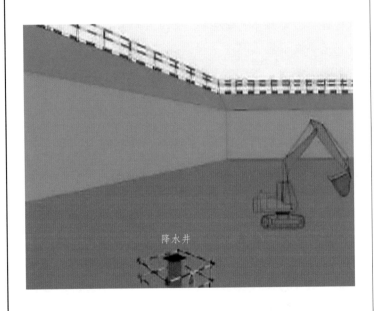降水井	1. 采用井点降水时，井口应设置防护盖板或围栏，警示标志应明显。停止降水后，应及时将井填实。 2. 注意保护井口，防止杂物掉入井内，经常检查排水管、沟，防止渗漏，遇冬季降水应采取防冻措施，参见《建筑与市政工程地下水控制技术规范》（JGJ 111—2016）中的相关内容。

子项名称	编号
基坑支护结构拆除	1 –011

照片/CAD 展示图	控制要点
	**一、基坑支撑结构的拆除方式、拆除顺序应符合专项施工方案要求 [参见《建筑拆除工程安全技术规范》(JGJ 147—2016)]** 1. 施工单位应全面了解拆除工程的图纸和资料，进行现场勘察，严格执行施工安全专项施工方案。 2. 作业人员必须配备劳动保护服务用品。 3. 拆除施工现场划定危险区域，设置警戒线和相关安全标志，应派专人监管。 4. 拆除工程施工前，必须对施工作业人员进行书面安全技术交底。 5. 基坑支撑拆除主要采取人工拆除、机械拆除以及其他非常规拆除方式等，拆除按施工方案进行，拆除顺序应本着先施工的后拆除、后施工的先拆除的原则进行，即从下至上分层进行。 **二、机械拆除作业时，施工荷载不得大于支撑结构承载能力** 1. 施工中必须由专人负责监测被拆除建筑的结构状态，做好记录。当发现有不稳定状态的趋势时，必须停止作业，采取有效措施，消除隐患。 2. 拆除施工时，严禁超载作业或任意扩大使用范围。供机械设备使用的场地必须保证足够的承载力。 3. 对较大尺寸的构件，必须采用起重机具及时吊离至安全地带。

子项名称	编号
基坑工程的管线保护	1－012

照片/CAD 展示图	控制要点
	**一、在各种管线范围内挖土应设专人监护**

1. 作业前，应查明施工场地明、暗设置物（电线、地下电缆、管道、坑道等）的地点及走向，并采用明显记号表示。严禁在离电缆 1m 距离以内作业，参见《建筑机械使用安全技术规程》（JGJ 33—2012）中的相关内容。

2. 机械不得靠近架空输电线路作业，并应按照《建筑机械使用安全技术规程》（JGJ 33—2012）的规定留出安全距离。

3. 在电力、通信、燃气、上下水等管线 2m 范围内挖土时，应采取安全保护措施，并设专人监护。

二、施工作业区域应采光良好，当光线较弱时应设置有足够照度的光源

1. 工作面上要有足够的照度，并保持照度的稳定性。

2. 光源位置要配置合理，以免产生直射或反射性眩光。 |

子项名称	编号
基坑工程应急预案与危险品管理	1－013

照片/CAD 展示图	控制要点

应急专用车间示例

应急品专用仓库示例

一、按要求编制基坑工程应急预案，内容应完整

1. 施工前应按要求编制应急预案，常见危险源事故类型有涌水、涌砂、坍塌、触电、物体打击、气体中毒、高空坠落等。

2. 施工前应对作业人员进行应急预案交底、告知。

3. 仓库必须配备专门的灭火器材。

4. 仓库内各种材料要分类摆放整齐，并做好标识。

5. 大型设备物资等不在项目部储存，要做好相应联系信息及外部其他单位的联系方式和应急路线等，在险情发生时能及时调用。

6. 应急人员组织构成、职责分工、通信方式等。

二、应急物资、材料、工具、机具、储备物资应存放在施工现场且设立专门仓库

1. 材料、工具、机具、物资应设立台账并挂标识牌，分类、分区摆放。

2. 危险品存放应符合各类危险品存放要求。

3. 应急物资需注明保质期和存放要求，超出保质期的物资应及时更换。

1.2 地基基础工程

子项名称	编号
地基基础验收与验槽	1-014

照片/CAD 展示图	控制要点
UDC 中华人民共和国国家标准 **GB** P　　　　　　　　　　GB 50202－2018 建筑地基基础工程施工质量验收标准 Standard for acceptance of construction quality of building foundation 2018－03－16 发布　　　2018－10－01 实施 中华人民共和国住房和城乡建设部　　　联合发布 中华人民共和国国家质量监督检验检疫总局	**一、地基基础子分项隐蔽工程验收应严格执行《建筑地基基础工程施工质量验收标准》（GB 50202—2018）** 1. 地基基础工程必须进行验槽，验槽检验要点应符合该标准附录 A 的规定。 2. 勘察、设计、监理、施工、建设等各方相关技术人员应共同参加验槽。 **二、天然地基验槽质量检验内容** 现场应具备岩土工程勘察报告、轻型动力触探记录（可不进行轻型动力触探的情况除外）、地基基础设计文件、地基处理或深基础施工质量检测报告等。 1. 根据勘察、设计文件核对基坑的位置、平面尺寸、坑底标高。 2. 根据勘察报告核对基坑底、坑边岩土体和地下水情况。 3. 检查空穴、古墓、古井、暗沟、防空掩体及地下埋设物的情况，并应查明其位置、深度和性状。 4. 检查基坑底土质的扰动情况以及扰动的范围和程度。 5. 检查基坑底土质受到冰冻、干裂、受水冲刷或浸泡等扰动情况，并应查明影响范围和深度。

子项名称	编号
换填地基处理质量检验	1-015

照片/CAD 展示图	控制要点

照片/CAD 展示图

- 1.看勘察报告
- 2.看设计图——地基基础说明；问基底标高、目前开挖标高
- 3.问施工情况(开挖地层、施工难度、主要问题等)
- 4.检验地层是否与勘察报告相符
  - 不相符时，核实异常处是否有勘探孔
  - 局部有异常地层，且没有勘察孔时，不算勘察单位的责任，需提出处理意见

地基验槽时怎么做？

- 什么时候应该进行钎探？
  - 基底浅部有软弱层的天然地基
  - 基底清底不到位，有较厚虚土时
  - 地基受扰动时
  - 土层地基适宜钎探，稍密的碎石土、圆砾适宜钎探，中密以上的卵石不适宜钎探
  - 未分层检验压实度的地基可用轻型动探补充检测，载荷试验不能代替分层压实度检测。
- 地基有积水时怎么办？
  - 细粒土地基有积水先排水、降水后再重新检验，评估积水对地基土的影响
  - 碎石土，排除积水即可，积水不影响碎石土的性质(砂土充填)
  - 干作业井桩有积水时先降水，严禁桩孔内抽水
- 复合地基如何验槽？
  - 验槽前学习相应的复合地基要点
  - 掌握施工参数、材料、检测要点
  - 验槽时查看是否能满足规范及设计要求

控制要点

换填地基处理施工质量检验内容如下。

1. 对于换填地基、强夯地基、各类复合地基，应现场检验处理后的地基均匀性、密实度等的检测报告和承载力检测资料。

2. 素土、灰土地基：应检测地基均匀性、密实度和承载力等。

3. 砂和砂石地基：应检测地基均匀性、密实度和承载力等。

4. 土工合成材料地基：尚应在施工前检查土工合成材料的单位面积质量、厚度、比重、强度、延伸率以及土砂石料质量等，土工合成材料每批应抽查5%。

5. 粉煤灰地基：应检测地基均匀性、密实度和承载力等。

6. 强夯地基：应检测地基均匀性、密实度、承载力和地基变形指标，以及其他设计要求指标。

7. 注浆地基：应进行注浆均匀性、地基承载力、地基土强度和变形指标检测。

8. 预压地基：应检测地基均匀性、密实度、承载力和变形指标等。

15

子项名称	编号
复合地基处理质量检验	1－016

照片/CAD 展示图	控制要点

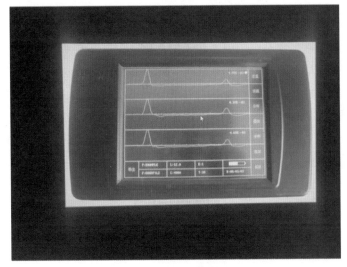

低应变完整性检测

复合地基处理施工质量检验内容

1. 砂石桩复合地基：应进行复合地基承载力、桩体密实度和桩间土密实度检测。

2. 高压喷射注浆复合地基：应进行桩体的强度和平均直径以及单桩与复合地基的承载力检测。

3. 水泥土搅拌桩复合地基：应进行桩体的强度和直径以及单桩与复合地基的承载力检测。

4. 土和灰土挤密桩复合地基：应进行桩体的强度和直径以及复合地基承载力检测。

5. 水泥粉煤灰碎石桩复合地基：应对桩体质量、单桩及复合地基承载力以及褥垫层夯填度进行检测。

6. 夯实水泥土桩复合地基：应对桩体质量、桩间土密实度、复合地基承载力以及褥垫层夯填度进行检测。

7. 多点挤密桩复合地基：应对桩体质量、桩间土密实度、复合地基承载力以及褥垫层夯填度进行检测。

子项名称	编号
预制桩和钻孔灌注桩基础质量控制	1-017

照片/CAD 展示图	控制要点
 堆载静荷载试验	垂直度、水平位移、桩身完整性、单桩竖向和水平承载力检测 1. 测量复点必须严格进行，每桩必须复测 2 次以上，保证桩位准确无误。 2. 埋设护筒，钻孔机对中钻孔，成孔过程中对桩基采取垂直度控制。 3. 护壁泥浆采取泥沙分离器，严格控制泥浆含砂率。 4. 现场钻进或沉桩过程中，钻进必须留置土石样品（或锤击记录）至终孔，判断地层（或贯入度）是否与设计一致，如出现较大误差，应立即通知勘察设计单位，协商处理措施；总包监理必须旁站、验收。 5. 桩终孔后，钻孔桩底沉渣必须清孔，满足设计要求后方可进行钢筋笼下放，并且要求清孔至桩底沉渣、含砂率满足要求。 6. 钢筋笼验收；单面焊长 10d，双面焊长 5d，同一截面内纵筋接头面积不得超过 50%；全部箍筋采用螺旋式或焊接环式，加劲箍与纵筋应逐点点焊。 7. 混凝土初灌必须采用大料斗，灌注要连续，保证混凝土密实度。 8. 灌注至桩顶时，必须保证超灌段大于设计要求值，并且不能高出底板底标高。 9. 灌注混凝土完成初凝后，对空桩及时回填，确保人员、行机安全。 10. 截桩头和开挖桩间土时，挖掘机易碰撞桩头造成浅层断桩，强度达到 80% 后，宜使用小挖掘机（斗宽不大于 0.6m），开挖桩间土后，使用切割机进行切割，减少对桩体的破坏，切割完成后，断面平整。

第2章　钢筋工程

2.1　钢筋进厂检验和堆放

子项名称	编号
钢筋进厂检验和堆放	2-001

照片/CAD 展示图	控制要点
30cm×40cm 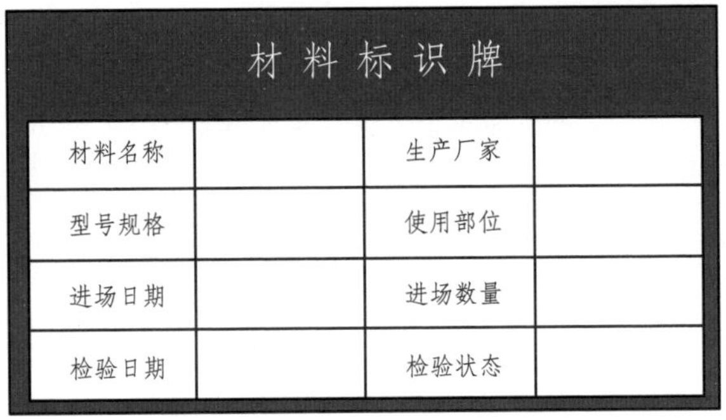  **材料标识牌** 材料名称　　　生产厂家 型号规格　　　使用部位 进场日期　　　进场数量 检验日期　　　检验状态	1. 主控项目和一般项目符合规范要求。 2. 验收合格的钢筋原材，应按不同等级、牌号、规格及生产厂家分批、分别堆放，不得混杂，存放场地用方木垫起架空或设置钢筋墩台，使钢筋距地一定距离，保持钢筋干燥以避免锈蚀和污染。有条件的尽量放入仓库或料棚内，且宜立标识牌以便识别。 3. 所有钢筋均统一在现场钢筋加工场地加工成型。加工好的成品及半成品钢筋必须按工程使用部位、型号和规格、形状分类堆放整齐，设置标识牌，注明材料名称、生产厂家、型号规格、使用部位、进场日期、进场数量、检验日期和检验状态（合格、不合格、待检），如左图所示。

2.2 钢筋弯钩控制

子项名称	编号
钢筋弯钩控制	2-002

照片/CAD 展示图	控制要点
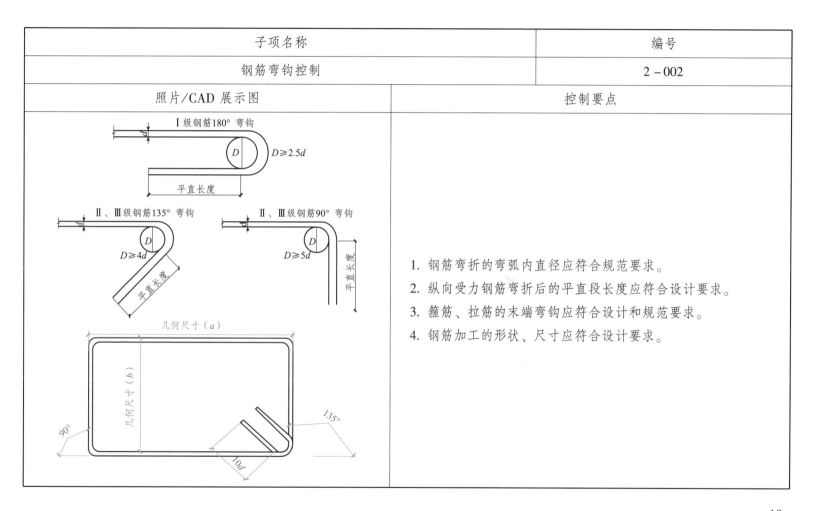	1. 钢筋弯折的弯弧内直径应符合规范要求。 2. 纵向受力钢筋弯折后的平直段长度应符合设计要求。 3. 箍筋、拉筋的末端弯钩应符合设计和规范要求。 4. 钢筋加工的形状、尺寸应符合设计要求。

2.3 灌注桩钢筋施工

子项名称	编号
灌注桩钢筋笼滚焊制作	2－003

照片/CAD 展示图	控制要点
	1. 上料。将主筋下料、对焊或套筒连接成图纸所需长度，然后吊放于主筋储料架上。 2. 穿筋、固定。将主筋分布于分料盘的圆周上，同时穿入固定盘和移动盘环形模板的导管内，并在移动盘的导管内用螺栓夹紧；夹紧时，注意每根主筋的错位长度，通常是1m左右。 3. 起始焊接。在钢筋笼的头部，固定盘和移动盘同步旋转运动，将盘筋并排连续绕几圈；然后与主筋焊接牢固。 4. 正常焊接。固定盘和移动盘同步旋转运动，移动盘同时向前移动，这样盘筋自动缠绕在主筋上，同时进行焊接，从而制成钢筋笼产品。 5. 终止焊接。在钢筋笼的尾部，两盘继续旋转，暂停焊接，将盘筋并排绕几圈；然后将盘筋端头焊接在主筋上固定，完成焊接。 6. 钢筋笼与旋转盘分离。切断绕筋，移动盘前移，钢筋笼与固定盘分离；松开主筋与移动盘模板导管的螺栓；移动盘前移，钢筋笼与移动盘分离。

子项名称	编号
灌注桩钢筋笼轮式混凝土保护层	2-004

照片/CAD 展示图	控制要点
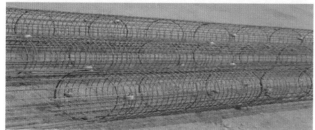	1. 轮式混凝土保护层强度等级不宜小于 C20，厚度宜为 50mm，半径同桩钢筋保护层设计厚度，中间孔径比箍筋直径大 2～3mm；提前一周制作并养护。 　2. 轮式砂浆垫块间距一般不大于 2m（与加强筋间距一致），环向布置，每一环上垫块不宜少于 4 个，对称分布。 　3. 轮式砂浆垫块必须与钢筋笼绑扎（或焊接）牢固。

2.4　钢筋连接

子项名称	编号
钢筋绑扎连接	2-005

照片/CAD 展示图	控制要点
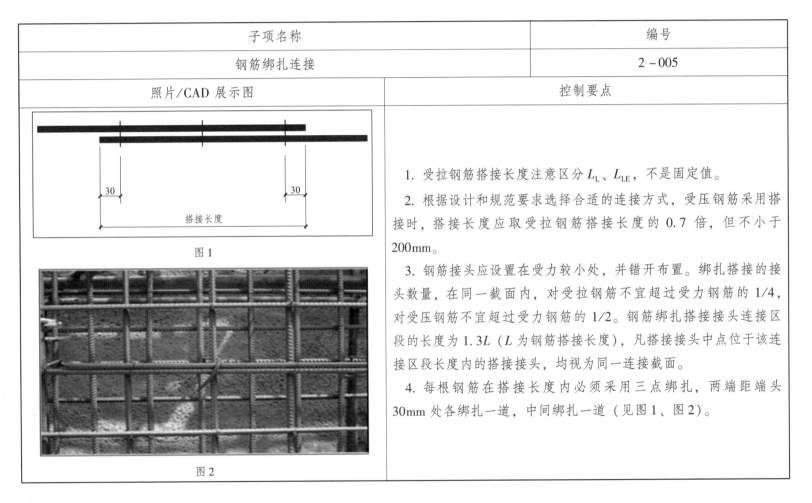图 1 图 2	1. 受拉钢筋搭接长度注意区分 L_L、L_{LE}，不是固定值。 2. 根据设计和规范要求选择合适的连接方式，受压钢筋采用搭接时，搭接长度应取受拉钢筋搭接长度的 0.7 倍，但不小于 200mm。 3. 钢筋接头应设置在受力较小处，并错开布置。绑扎搭接的接头数量，在同一截面内，对受拉钢筋不宜超过受力钢筋的 1/4，对受压钢筋不宜超过受力钢筋的 1/2。钢筋绑扎搭接接头连接区段的长度为 1.3L（L 为钢筋搭接长度），凡搭接接头中点位于该连接区段长度内的搭接接头，均视为同一连接截面。 4. 每根钢筋在搭接长度内必须采用三点绑扎，两端距端头 30mm 处各绑扎一道，中间绑扎一道（见图 1、图 2）。

子项名称	编号
钢筋焊接连接	2-006

照片/CAD 展示图	控制要点

图1

图2

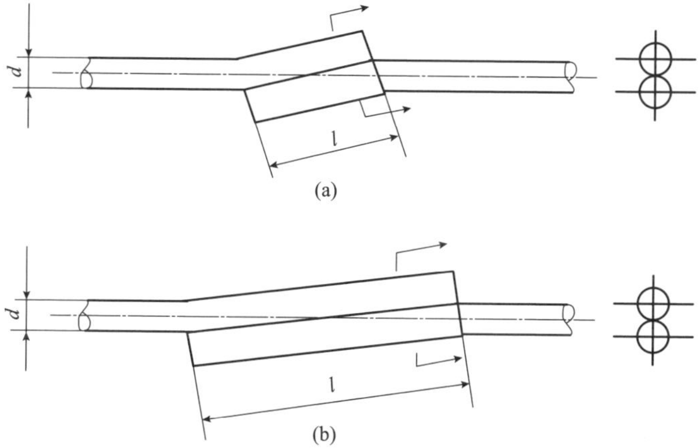

(a)

(b)

d——钢筋直筋；l——搭接长度

图3

1. 钢筋常用的焊接方法有电渣压力焊、闪光对焊、电弧焊等。

2. 电渣压力焊只适用于竖向钢筋和倾斜度不大于10°的钢筋的焊接，当墙、柱钢筋直径为 12~32mm 时，可采用电渣压力焊。

3. 电渣压力焊焊包要均匀，四周凸出钢筋表面高度，当钢筋直径小于或等于25mm 时，不得小于 4mm；当钢筋直径大于或等于28mm 时，不得小于 6mm；钢筋与电极接触处应无烧伤缺陷；接头处的弯折角不得大于2°，接头处钢筋轴线偏移不大于0.1d，且不超过 1mm（见图1）。

4. 闪光对焊：根据钢筋直径的大小，钢筋的强度级别和钢筋端面平整与否采用不同的焊接工艺，接头处不得有肉眼可见裂纹；与电极接触处的钢筋表面不得有明显烧伤；接头处的弯折角不得大于2°；轴线偏移不得大于0.1d，且不超过 1mm（见图2）。

5. 电弧焊接头的搭接焊和帮条焊：宜采用双面焊，当不能进行双面焊时，方可采用单面焊。搭接长度、帮条的长度、焊缝的宽度和厚度等均应符合《钢筋焊接及验收规程》（JGJ 18—2012）的要求；焊缝表面应平整，不得有凹陷或焊瘤；焊接接头区不得有肉眼可见裂纹；咬边深度、气孔、夹渣等缺陷允许值等应符合 JGJ 18—2012 的要求（见图3）。

子项名称	编号
钢筋直螺纹丝头及直螺纹连接质量过程检查标识	2－007

照片/CAD 展示图	控制要点

钢筋丝头加工与接头安装应经工艺检验合格后方可进行。

1. 检测现场成品接头，丝扣的外露圈数单边不能超过 2 圈，两端钢筋拧入套筒的长度应相同，差值不大于一个丝距。

2. 用扭矩扳手检查套筒的拧紧扭矩，对不满足规范要求的要严格进行整改。

3. 同一截面的接头比例和接头错开间距要满足设计和规范要求。纵向受力钢筋机械连接接头连接区段的长度为 35d（d 为纵向受力钢筋的较小直径），凡接头中点位于该连接区段长度内的接头均属于同一连接截面。

4. 直螺纹现场连接→现场 100%质量检查→质量合格的标注"√"。

5. 直螺纹现场连接→现场 100%质量检查→质量不合格的标注"×"→现场原因分析，采取相应措施处理，直至合格。

6. 直螺纹现场连接→现场 100%质量检查→质量不合格的标注"×"→现场原因分析，采取相应措施处理，仍不合格→废除直螺纹连接，采取焊接或搭接。

7. 接头的现场检验取样要求：按照检验批进行，同一施工条件下采用同一批材料的同等级、同型式、同规格接头，以 500 个为一个验收批进行验收，不足 500 个也作为一个验收批。当现场检验连续 10 个验收批抽样试件抗拉强度一次合格率为 100%时，验收批接头数量可以扩大一倍。

2.5 钢筋保护层

子项名称	编号
墙柱顶部钢筋设置"L"形钢筋控制钢筋保护层	2-008

照片/CAD 展示图	控制要点
	1. 根据钢筋保护层厚度选用与钢筋保护层厚度相近直径的钢筋。 2. 制作"L"形钢筋时,长边长度宜为 100～200mm(板厚),短边宜为 50mm 或做成钩状。 3. "L"形钢筋拐角处需涂刷防锈漆,以免拆模后钢筋外露锈蚀。 4. 墙(柱)顶部钢筋外侧挂"L"形钢筋时,需紧贴梁板模板。 5. 柱每边距阴角处 50mm 各设置一个,自距阴角 50mm 处起每隔 2m 设置一个,不足 2m 处也需设置一个。

子项名称	编号
墙、板、梁、柱及梁柱节点钢筋保护层厚度控制	2－009

照片/CAD 展示图	控制要点

照片/CAD 展示图栏：

图1

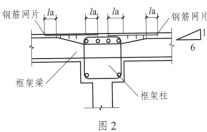

图2

图3

控制要点栏：

1. 柱及梁侧均采用塑料卡环控制侧向保护层厚度。塑料卡环卡在柱及梁纵向受力钢筋上，梅花型布置，间距不大于1000mm。塑料卡环颜色应和混凝土颜色一致。

2. 板、梁底采用塑料垫块控制保护层厚度，垫在梁箍筋及板最下层钢筋的下面，垫块呈梅花形布局，间距不大于1000mm。其中，基础底板采用大理石垫块。

3. 墙体可采用梯子筋控制保护层厚度，否则，应采用水泥条顶模棍来保证墙体侧面保护层厚度，水泥顶模棍颜色应和混凝土颜色一致，如图1所示。

4. 当梁、柱、墙中钢筋的保护层厚度大于50mm时，宜对保护层混凝土采取有效的构造措施进行拉结，防止混凝土开裂剥落、下坠。采取保护层内设置防裂、防剥落的钢筋网片的措施，网片钢筋的保护层厚度不应小于25mm，其直径不大于8mm，间距不应大于150mm。

5. 当框架梁与框架柱的宽度相同，或者框架梁与框架柱一侧相平时，框架梁中的最外侧纵向受力钢筋应从框架柱外侧纵向钢筋的内侧穿过，宜在此部位设置防裂、防剥落钢筋网片，如图2、图3所示。

2.6 特殊部位钢筋处理

子项名称	编号
特殊部位钢筋处理	2－010

照片/CAD 展示图	控制要点
 图1 图2 图3 图4	1. 当洞口尺寸小于或等于300mm时，钢筋绕过洞口；当洞口尺寸大于300mm时，洞口设附加筋。钢筋数量、尺寸必须按照设计要求设置，设计无要求时参考钢筋平法施工图集（见图1）。 2. 安装电盒时，尽量不切断钢筋，电盒焊在附加的钢筋上，安装牢固，不能直接焊在主筋上，且附加钢筋也不能焊在主筋上，应绑扎在主筋上（见图2、图3）。 3. 防水构件设置钢板止水带时，断开的箍筋与止水钢板焊接，注意焊接方式，禁止把止水钢板焊穿，钢板范围外，上下分别设置比原箍筋直径大一级的三只箍筋，间距为50mm；止水板接头焊接要紧密，不得留有缝隙或有焊穿现象（见图4）。

2.7 主梁、次梁、楼板节点处主筋位置超差控制

子项名称	编号
主梁、次梁、楼板节点处主筋位置超差控制	2-011

照片/CAD 展示图	控制要点
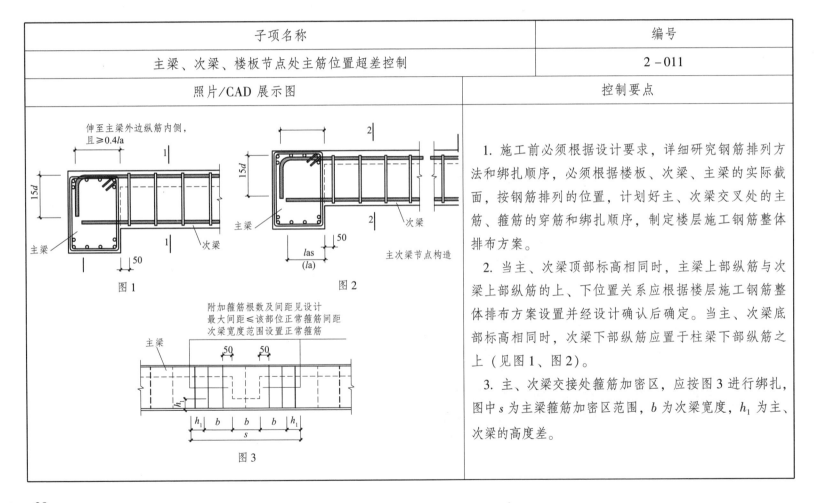	1. 施工前必须根据设计要求，详细研究钢筋排列方法和绑扎顺序，必须根据楼板、次梁、主梁的实际截面，按钢筋排列的位置，计划好主、次梁交叉处的主筋、箍筋的穿筋和绑扎顺序，制定楼层施工钢筋整体排布方案。 2. 当主、次梁顶部标高相同时，主梁上部纵筋与次梁上部纵筋的上、下位置关系应根据楼层施工钢筋整体排布方案设置并经设计确认后确定。当主、次梁底部标高相同时，次梁下部纵筋应置于柱梁下部纵筋之上（见图 1、图 2）。 3. 主、次梁交接处箍筋加密区，应按图 3 进行绑扎，图中 s 为主梁箍筋加密区范围，b 为次梁宽度，h_1 为主、次梁的高度差。

2.8 钢筋成品保护

子项名称	编号
钢筋成品保护	2-012
照片/CAD 展示图	控制要点

图1

图2

图3

图4

1. 绑扎定位筋确保钢筋不偏位，浇筑混凝土时对柱根部进行保护，防止污染（见图1、图2）。

2. 钢筋丝头应进行有效保护，防止丝扣被破坏（见图3）。

3. 梁、柱预留钢筋若长时间不进行下一步施工，应注意做好防锈措施。建议用水泥浆包裹钢筋，等恢复施工时把水泥浆清理干净，避免对钢筋握裹力造成影响（见图4）。

2.9 柱子钢筋设置定位框

子项名称	编号
柱子钢筋设置定位框	2-013

照片/CAD 展示图	控制要点

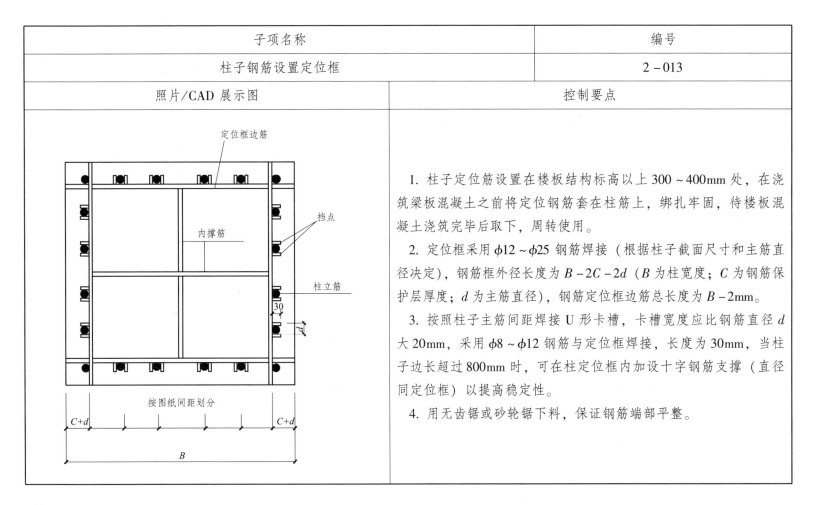

控制要点：

1. 柱子定位筋设置在楼板结构标高以上 300 ~ 400mm 处，在浇筑梁板混凝土之前将定位钢筋套在柱筋上，绑扎牢固，待楼板混凝土浇筑完毕后取下，周转使用。

2. 定位框采用 $\phi 12 \sim \phi 25$ 钢筋焊接（根据柱子截面尺寸和主筋直径决定），钢筋框外径长度为 $B-2C-2d$（B 为柱宽度；C 为钢筋保护层厚度；d 为主筋直径），钢筋定位框边筋总长度为 $B-2mm$。

3. 按照柱子主筋间距焊接 U 形卡槽，卡槽宽度应比钢筋直径 d 大 20mm，采用 $\phi 8 \sim \phi 12$ 钢筋与定位框焊接，长度为 30mm，当柱子边长超过 800mm 时，可在柱定位框内加设十字钢筋支撑（直径同定位框）以提高稳定性。

4. 用无齿锯或砂轮锯下料，保证钢筋端部平整。

图中标注：定位框边筋、挡点、内撑筋、柱立筋、30、d、按图纸间距划分、$C+d$、$C+d$、B

2.10 剪力墙定位梯子筋

子项名称	编号
剪力墙竖向钢筋定位梯子筋	2-014

照片/CAD 展示图	控制要点
 水平梯子筋	1. 用来控制墙体竖向钢筋间距，分为纵向筋和梯挡横向筋。放置在墙体纵向钢筋内侧，一般设置一道，宜放置在距墙模板上口 200～300mm 处，使竖向钢筋置于两梯凳钢筋中间，并与墙体竖向钢筋用绑扎丝绑牢，待混凝土浇筑完毕后拆除出来周转使用。 2. 制作方法：水平梯子筋的纵向筋使用 $\phi12$ 钢筋制作，两根纵筋的间距为 $H-2d_1-2d_2-2h$（H 为墙厚，d_1 为竖向钢筋直径，d_2 为水平钢筋直径，h 为墙体保护层厚度）。梯挡横筋一般使用 $\phi10$ 钢筋，长度为墙厚$-2h$，间距同墙体立筋间距，每两根梯挡横筋控制一根墙体竖向钢筋，使其不偏位、不跑位。 3. 用无齿锯或砂轮锯下料，保证钢筋端部平整。 4. 使用水平梯子筋可有效解决插筋位移问题。

子项名称	编号
剪力墙水平钢筋定位梯子筋	2-015

照片/CAD展示图	控制要点
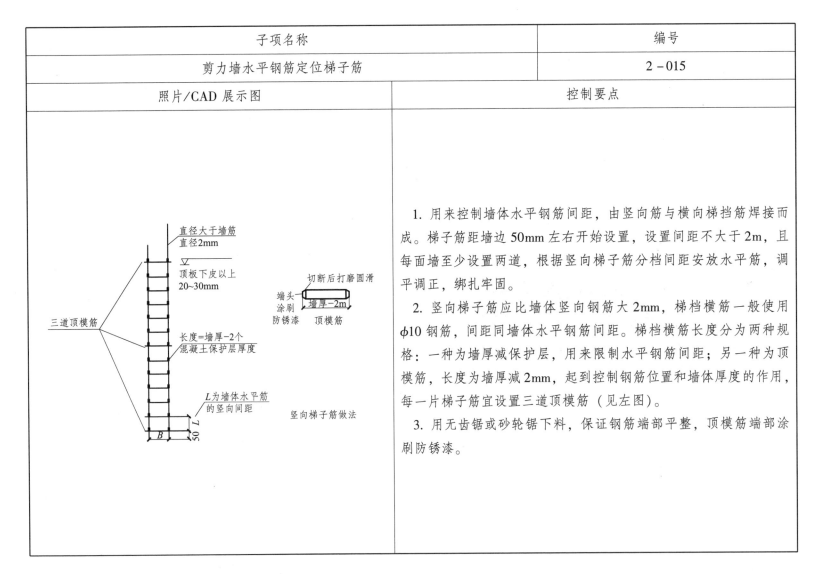	1. 用来控制墙体水平钢筋间距，由竖向筋与横向梯挡筋焊接而成。梯子筋距墙边50mm左右开始设置，设置间距不大于2m，且每面墙至少设置两道，根据竖向梯子筋分档间距安放水平筋，调平调正，绑扎牢固。 2. 竖向梯子筋应比墙体竖向钢筋大2mm，梯挡横筋一般使用φ10钢筋，间距同墙体水平钢筋间距。梯挡横筋长度分为两种规格：一种为墙厚减保护层，用来限制水平钢筋间距；另一种为顶模筋，长度为墙厚减2mm，起到控制钢筋位置和墙体厚度的作用，每一片梯子筋宜设置三道顶模筋（见左图）。 3. 用无齿锯或砂轮锯下料，保证钢筋端部平整，顶模筋端部涂刷防锈漆。

2.11 梁、板钢筋安装

子项名称	编号
梁钢筋安装	2－016

照片/CAD 展示图	控制要点
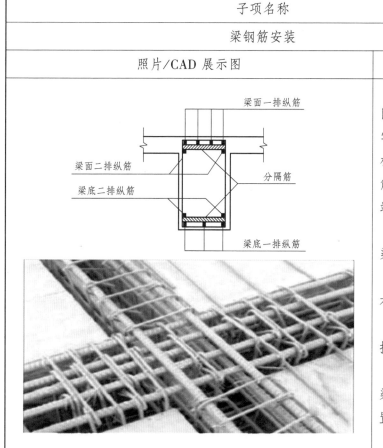	1. 纵向受力钢筋为双排时，在两层钢筋之间垫分隔钢筋（见左图），分隔钢筋直径不小于 25mm，两排纵筋与分隔筋靠紧，用十字扣绑牢，梁顶分隔筋距支座 0.5m 处开始设置，每隔 3m 设一根；梁底分隔筋距支座 1.5m 处开始设置，每隔 3m 设一根；分隔筋每跨不少于 2 处。因纵横梁、主次梁相交处钢筋相互穿插，梁端可不设分隔筋。注意分隔筋长度应考虑保护层厚度。 2. 梁箍筋安装前，根据图纸要求间距，计算好梁箍筋数量并在梁主筋上用粉笔做出标记。 3. 若箍筋刚好与直螺纹套筒重叠，则将此箍筋取消，在套筒左右分别增加箍筋一道。 4. 梁端第一道箍筋设置在距离墙、柱边缘 50mm 处。主次梁交接处，次梁箍筋应按照图纸要求进行加密。 5. 框架结构中，次梁上下主筋置于主梁上下主筋之上，框架连梁的上下主筋置于框架主梁的上下主筋之上，主梁内箍筋正常布置，次梁箍筋应从距梁节点 50mm 处开始布置。 6. 所有的绑扎丝尾部向里按倒，以防外露。

图中标注：梁面一排纵筋、梁面二排纵筋、梁底二排纵筋、分隔筋、梁底一排纵筋

子项名称	编号
板钢筋安装	2-017

照片/CAD 展示图	控制要点
马凳与板筋关系图	1. 在模板上弹好主筋、分布筋位置线，弹线用的颜料必须与混凝土颜色一致。 2. 按照画好的间距，先摆放受力主筋，后摆放分布筋；同时预埋件、电线管、预留孔等及时配合安装。板面筋短跨方向主筋宜放置于长跨方向主筋之上，板底筋短跨方向主筋宜放置于长跨方向主筋之下。 3. 板筋第一道起步筋距墙边或梁边的距离为50mm。 4. 绑扎板筋一般采用顺扣或八字扣，双向板相交点要全部绑扎，所有的绑扎丝尾部向里按倒，以防外露。 5. 板上、下层钢筋网之间必须加钢筋马凳，间距1500mm，以确保上层钢筋网的位置。马凳高度 h = 板厚 - 板筋保护层厚度×2 - 上网钢筋厚度 - 下网下铁钢筋直径。 6. 先绑楼梯梁筋后绑板筋，且板筋要锚固到梁内。楼梯筋绑扎时在楼梯段底模上画主筋及分布筋位置线，按位置线摆放主筋、分布筋，每个交点均要绑扎，底板筋绑完，待踏步模板吊绑支好后再绑扎踏步钢筋。主筋接头数量和位置均要符合施工及验收规范要求。

2.12 预留钢筋采用成品 PVC 线槽预埋

子项名称	编号
预留钢筋采用成品 PVC 线槽预埋	2 – 018

照片/CAD 展示图	控制要点
	1. 根据楼层标高在剪力墙位置标注楼层板位置，两端拉线找平，确保定位准确。 2. 线槽打眼根据钢筋间距设置，并布置钢筋。 3. 成品线槽必须与剪力墙钢筋固定牢固，防止模板加固及混凝土振捣时滑落。 4. 预埋筋需满足锚固要求，弯钩方向一致，避免剔凿时混乱。 5. 线槽扣盖及端头必须封堵严密，避免混凝土流入，为后期剔凿提供便利。 6. 拆模后把扣盖及线槽剔凿干净。

第 3 章 混凝土工程

3.1 模板施工工艺流程及测量放线

子项名称	编号
模板施工工艺流程及测量放线（一）	3－001

照片/CAD 展示图	控制要点
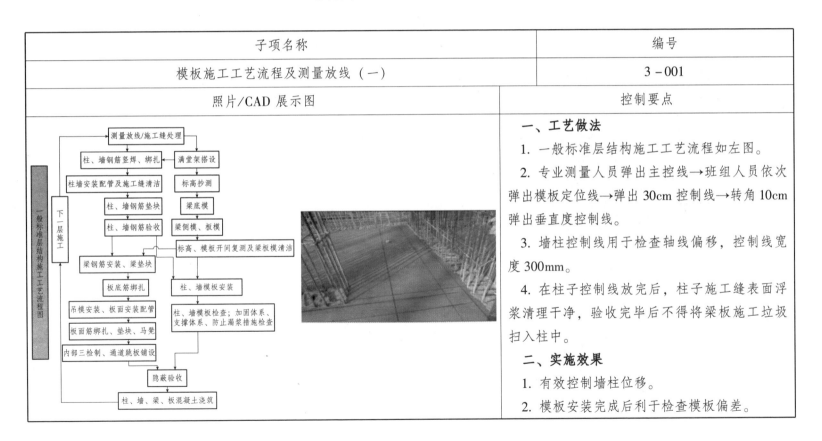	**一、工艺做法** 1. 一般标准层结构施工工艺流程如左图。 2. 专业测量人员弹出主控线→班组人员依次弹出模板定位线→弹出 30cm 控制线→转角 10cm 弹出垂直度控制线。 3. 墙柱控制线用于检查轴线偏移，控制线宽度 300mm。 4. 在柱子控制线放完后，柱子施工缝表面浮浆清理干净，验收完毕后不得将梁板施工垃圾扫入柱中。 **二、实施效果** 1. 有效控制墙柱位移。 2. 模板安装完成后利于检查模板偏差。

36

子项名称	编号
模板施工工艺流程及测量放线（二）	3-002

照片/CAD 展示图	控制要点
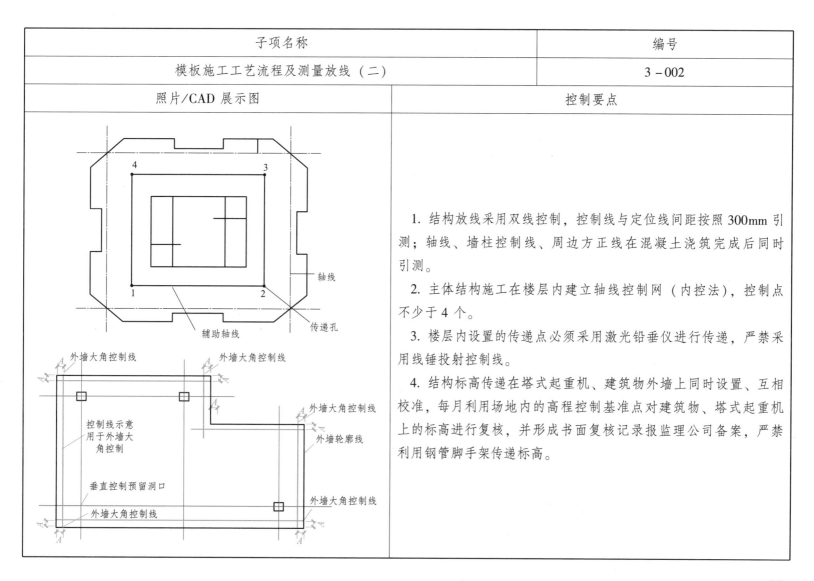	1. 结构放线采用双线控制，控制线与定位线间距按照 300mm 引测；轴线、墙柱控制线、周边方正线在混凝土浇筑完成后同时引测。 2. 主体结构施工在楼层内建立轴线控制网（内控法），控制点不少于 4 个。 3. 楼层内设置的传递点必须采用激光铅垂仪进行传递，严禁采用线锤投射控制线。 4. 结构标高传递在塔式起重机、建筑物外墙上同时设置、互相校准，每月利用场地内的高程控制基准点对建筑物、塔式起重机上的标高进行复核，并形成书面复核记录报监理公司备案，严禁利用钢管脚手架传递标高。

37

3.2 模板工程

子项名称	编号
墙柱模板（一）	3－003

照片/CAD 展示图	控制要点
 1—模板 2—木方次楞 3—钢管主楞 墙模平面图	**一、工艺做法** 1. 墙柱配模原则：长边包短边，模板尽量采用横配，尺寸必须准确。墙柱配模时，为减少漏浆现象，确保混凝土成型后棱角顺直、美观，剪力墙、柱端部模板可向外延伸10cm，采用木方双龙骨包边处理。 2. 转角柱在阴角位置必须采用钢管蝴蝶扣和对拉螺杆加固，同时阴角位置设水泥内撑条。 3. 模板拼缝不能大于2mm，且需粘贴海绵条，墙柱阴、阳角位置在安装模板前必须粘贴双面胶，防止漏浆和砂角。 4. 墙柱加固完成后，墙柱根部与楼板接触缝隙用木条堵缝塞紧。 **二、实施效果** 1. 确保截面尺寸准确并防止胀模。 2. 有效防止墙柱底部漏浆、烂根。

子项名称	编号
墙柱模板（二）	3-004

照片/CAD 展示图	控制要点

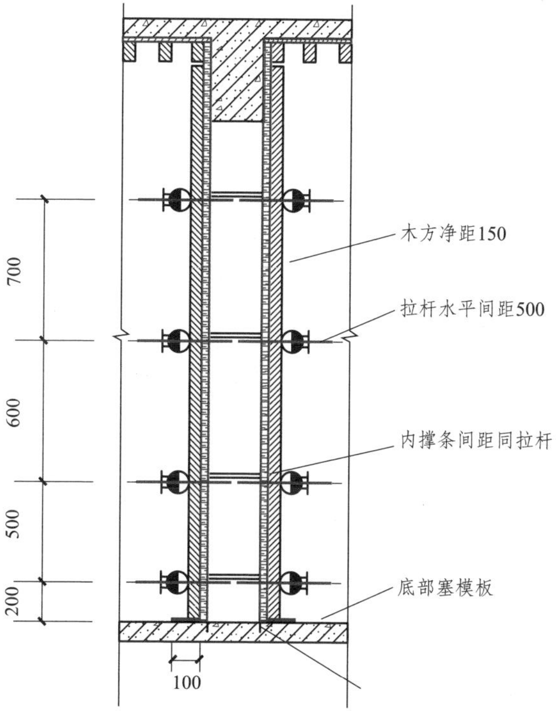

照片/CAD 展示图:

标注：
- 木方净距150
- 拉杆水平间距500
- 内撑条间距同拉杆
- 底部塞模板
- 700
- 600
- 500
- 200
- 100

控制要点:

一、工艺做法

1. 平层内墙模板：层高－（板厚＋板底模厚）－10mm；外墙及核心筒、楼梯间内筒大模板：层高＋150mm（下包100mm，上露50mm）；厨房、阳台处吊模位置墙柱模板：层高－（板厚＋板底模厚）＋30mm（下包30mm）；下沉式卫生间吊模处墙柱模板：层高－（板厚＋板底模厚）＋50mm（下包50mm）；必须确保外墙、核心筒、楼梯间内筒、厨房、卫生间、阳台吊模处根部模板与已浇筑混凝土立面搭接 30～50mm。

2. 在模板施工前绘制模板配置图，优化模板配置。

二、实施效果

1. 防止上下层接茬处出现偏位错台。

2. 减少模板浪费，提高配模效率和质量。

子项名称	编号
墙柱模板	3－005

照片/CAD 展示图	控制要点
	**一、工艺做法** 1. 墙柱模板封模前再次检查墙柱控制线。 2. 检查梁定位控制线。 3. 封模前应将剪力墙、柱根凿毛，沿定位边线切割整齐并清理干净。 4. 依照配模图对施工作业人员进行交底，严格按照配模图施工。 5. 墙柱模板下预留清扫口，方便墙柱根部的垃圾清理。 **二、实施效果** 1. 增加后浇混凝土与既有混凝土面的黏结力。 2. 改善混凝土接茬质量。

子项名称	编号
框架柱模板采用槽钢背楞加固	3-006

照片/CAD 展示图	控制要点
	**一、工艺做法** 1. 槽钢背楞加工（两根 10 号槽钢焊接成整体）→柱模板支设完成→槽钢背楞加固（两端用对拉螺杆拧紧，中间不设对拉螺杆）。 2. 槽钢背楞加工时预留长度不能过短，以便提高对柱截面的适用性。 3. 加固间距要根据柱子截面、高度计算确定，并在施工时严格控制。 4. 槽钢背楞两端用对拉螺杆上紧。 **二、实施效果** 1. 有效保证框架柱的成型质量，改善观感。 2. 减少了对拉螺杆用量。 3. 周转率高。

子项名称	编号
三节锥形模板加固螺栓件应用	3-007

照片/CAD 展示图	控制要点

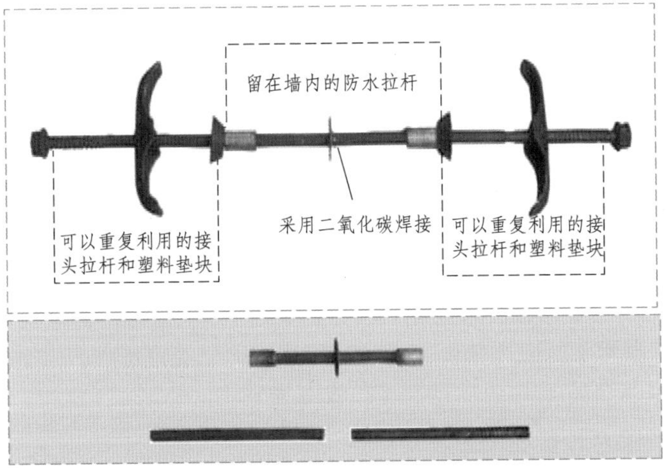

留在墙内的防水拉杆

采用二氧化碳焊接

可以重复利用的接头拉杆和塑料垫块

可以重复利用的接头拉杆和塑料垫块

一、工艺做法

1. 安装墙模板→根据模板施工方案钻螺杆孔→放置螺杆→固定对拉螺栓→浇筑混凝土→混凝土养护→拆除外墙模板→拆除接头拉杆及锥形垫块。

2. 提前排布对拉螺杆位置，开孔位置需准确，螺杆摆放与开孔部位一致。

3. 螺杆规格符合方案要求。

二、实施效果

接头拉杆和垫块可重复周转使用，降低成本。

子项名称	编号
墙体模板内采用水泥撑棍控制厚度	3-008

照片/CAD 展示图	控 制 要 点
	**一、工艺做法** 1. 水泥撑棍带凹槽面扣在墙体外侧横向钢筋。 2. 水泥撑棍与钢筋绑扎牢固, 使之起到控制墙厚和钢筋保护层的双重作用。 3. 采用成品保护层砂浆垫块绑扎牢固, 以保证钢筋保护层厚度准确。 4. 水泥撑棍梅花形布置, 间距一般以 800~1000mm 为宜。 5. 水泥撑棍长度同墙体厚度。 **二、实施效果** 1. 操作方便, 能很好地控制模板保护层厚度。 2. 有效控制墙体厚度。

子项名称	编号
墙柱模板检查	3-009

照片/CAD 展示图	控制要点
	**一、工艺做法** 1. 现场管理人员对墙柱模板逐一检查垂直度，并把检查结果标注清楚，要求劳务班组及时整改，直至整改合格后方能进行下步施工。 2. 现场管理人员对加固螺栓进行抽查，螺栓拧紧扭力矩不应小于40N·m且不应大于65N·m，发现有不合格应全面检查。 **二、实施效果** 墙柱截面尺寸准确。

子项名称	编号
墙/柱模板下口设置通长角钢措施	3－010

照片/CAD 展示图	控制要点

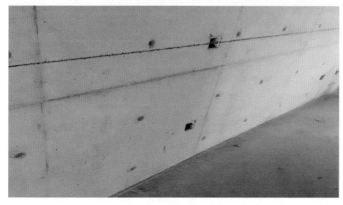

一、工艺流程

1. 墙、柱模板下口砂浆找平→沿剪力墙外廓线放置角钢→模板安装、加固→混凝土浇筑→拆模。

2. 模板及角钢下方的混凝土面，混凝土初凝时应抹平压实，凹凸处用砂浆找平，防止漏浆。

3. 角钢宜采用 50mm×50mm 规格，保证刚度。

4. 最下一排对拉螺栓设置不宜过高，距地 300mm 为宜。

5. 角钢放置时需紧贴模板根部，木方背楞紧贴角钢加固。

二、实施效果

提高模板整体性和混凝土根部顺直度，防止下口漏浆，改善剪力墙根部的顺直度和混凝土观感。

子项名称	编号
墙/柱接茬部位模板处理措施	3-011

照片/CAD 展示图	控制要点
	**一、工艺流程** 1. 模板支设→下落 200~300mm 安装于下层顶部预埋的螺栓位置→用木方或钢管做龙骨紧固。 2. 预埋的螺栓间距宜控制在 500~800mm。 3. 螺栓位置距楼板面宜控制在 200~300mm。 4. 紧固上层模板时，预埋的螺栓处需用木方或钢管做龙骨。 **二、实施效果** 防止模板下口胀模、漏浆，减少楼梯间、电梯间、外墙等水平施工缝处错台现象的发生，改善了接茬处墙面的平整度和垂直度。

子项名称	编号
墙柱脱模质量展示	3-012

照片/CAD 展示图

子项名称	编号
梁板模板	3-013

照片/CAD 展示图	控制要点
	**一、工艺做法** 1. 梁底模板定位需按楼层定位控制墨线进行定位，梁底采用通长枋木做法，梁侧底部用枋木压边，梁侧顶部设置侧背方，梁底和梁侧加固采用步步紧或 U 形夹夹具，间距小于或等于 500mm，靠墙柱两端小于或等于 400mm 位置必须设置，当梁高大于或等于 600mm 时需加腰楞，并穿对拉螺杆加固，上口要拉线找直。 2. 楼板支模槽钢与方木配合使用，板底龙骨严格按照方案均匀布置，间距小于或等于 300mm。 **二、实施效果** 梁板底面平整，空间位置准确。

子项名称	编号
梁板模板施工要求	3－014

照片/CAD 展示图	控制要点
	**一、工艺做法** 1. 板面预留垃圾清扫口，模板表面缝宽不大于 2mm，相邻板高低差不大于 2mm。 2. 跨度大于或等于 4m 的梁板应按设计要求起拱，无设计要求时按 1/1000～3/1000 起拱。 3. 模板施工完成后要清理干净，经过劳务班组自检合格后报项目现场管理人员验收，未经验收或验收不合格的，不得进入下道工序。 4. 模板的各连接部位应连接紧密，框架梁的支模顺序不得影响梁筋绑扎。 **二、实施效果** 1. 便于配模之后的垃圾清理，保证混凝土成型质量。 2. 避免混凝土浇筑完成后构件向下弯曲下挠。

照片/CAD 展示图	控制要点

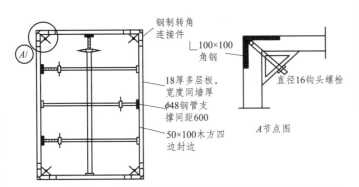

钢制转角
连接件

∟100×100
角钢

18厚多层板,
宽度同墙厚

φ48钢管支
撑间距600

50×100木方四
边封边

直径16钩头螺栓

A节点图

一、工艺做法

1. 在角钢上焊接螺栓加工阴角连接件,与洞口模板拼装严密。

2. 调节螺杆与三角形支撑件连接固定,形成洞口整体定型模板;安装固定洞口模板,在钢筋网架上焊接定位钢筋进行固定。

3. 采用成品保护层砂浆垫块绑扎牢固,以保证钢筋保护层厚度准确。

4. 采用定型木模板时应确保安装牢固无变形,拼缝严密,洞口模板尺寸偏差 0~5mm。

二、实施效果

有效控制洞口截面尺寸。

子项名称	编号
楼梯模板	3-016

照片/CAD 展示图	控制要点
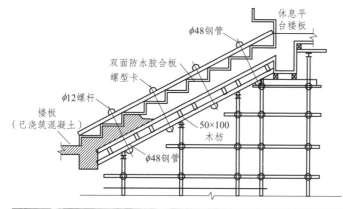	1. 选择合适的支撑体系,确保支撑牢固。 2. 对工人认真交底,防止工人在模板加工过程中出现偏差。 3. 选用定型钢模或现场拼装木模时要注意两跑交接处做法,最上一步与最下一步应考虑装修做法厚度。 4. 优先选用封闭楼梯配模,注意拼缝严密,加固可靠,防止漏浆、变形,梯模固定之后禁止随意踩踏。采用钢梯模时,注意踏步振捣、收面。 5. 楼梯施工缝处用缝梳子来保证钢筋位置准确,保护层厚度符合规范要求,混凝土留茬整齐。

子项名称	编号
楼梯梯段板施工缝位置设置	3－017

照片/CAD 展示图	控制要点

一、工艺做法

1. 安装楼梯模板→绑扎楼梯钢筋→安装楼梯踏步模板→浇筑混凝土→拆模→接茬位置处理。

2. 楼梯梯段板施工缝应设置在梯段端部 1/3 范围的梯板上，且垂直梯板（一般为三个完整的踏步）。

3. 接茬位置混凝土浇筑完成后要凿毛，清理干净。

4. 楼梯模板安装时要在接茬位置预留 100mm 宽的清扫口，浇筑混凝土时再封闭。

二、实施效果

1. 有效降低了楼梯斜板接茬部位夹渣等质量缺陷。
2. 降低了楼梯接茬部位裂缝发生的概率。

子项名称	编号
楼梯施工缝部位预留模板加固螺栓	3–018

照片/CAD 展示图	控制要点

一、工艺做法

1. 楼梯上三步施工验收前，预埋普通通丝螺杆于第三步，预埋位置距离两边尺寸 150～200mm，距离踏步接茬不小于 100mm，埋深不小于 100mm。

2. 进行下一步楼梯模板施工时，剔凿接茬部位，并在接茬下部斜板部位粘贴海绵条，上步模板下返 150mm，加固于预埋螺杆上。

二、实施效果

通过预埋螺杆，模板与接茬部位混凝土加固牢固，保证楼梯接茬观感。

子项名称	编号
方钢框吊模施工	3－019

照片/CAD 展示图	控制要点
	1. 下料加工方钢框→模板面弹出降板轮廓线→沿轮廓线固定支架→降板部位放置方钢框吊模→混凝土收面→刮净方钢框表面的水泥浆→养护→拆除。 2. 支架如左图所示，需固定牢固，方钢框定位需准确。 3. 方钢框厚度与降板高度一致。 4. 降板面积过大时，应增加中间支撑，避免方钢框变形。

子项名称		编号
井道筒子模上口设置角部加强直角三角形模板		3-020
照片/CAD 展示图	控制要点	

1. 根据图纸,对电梯井、管道井的结构尺寸进行复核。

2. 模板整体拼装完成后,复核长边、短边及对角线长度,进行模板加固。

3. 模板整体加固好后再次复核对角线长度,并在四个边角钉边长不小于500mm的等腰直角三角形模板,加固四角,保证阴、阳角方正。

4. 模板安装质量需符合规范要求,电梯井、管井预留洞尺寸 [+10,0] mm;相邻模板表面高差不大于2mm。

子项名称	编号
后浇带部位采用独立模板与支架体系	3-021

照片/CAD 展示图	控制要点
	1. 混凝土后浇带位置应按设计要求留置，后浇带混凝土浇筑时间、处理方法也应事先在施工方案中确定。 2. 根据图纸，对楼板、剪力墙、梁的后浇带位置进行准确定位。 3. 从后浇带处向两侧进行支撑体系搭设模数计算，使后浇带模板、架体独立支设。 4. 为防止后浇带支撑体系两侧的架体拆除时错拆后浇带架体，建议后浇带架体单独刷红油漆标识。 5. 后浇带模架必须独立支撑，严禁拆除后回顶。

子项名称	编号
模板支撑系统　满堂模板和共享空间模板支架柱	3-022

照片/CAD 展示图	控制要点
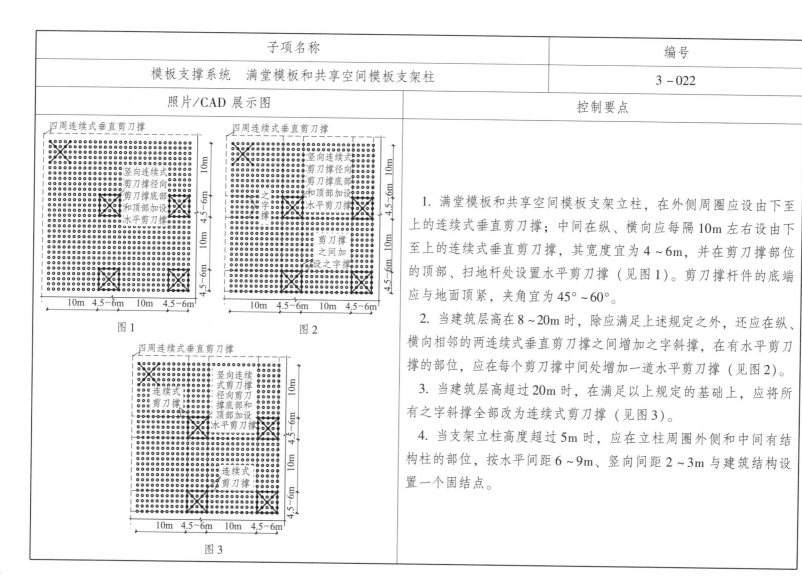	1. 满堂模板和共享空间模板支架立柱，在外侧周圈应设由下至上的连续式垂直剪刀撑；中间在纵、横向应每隔10m左右设由下至上的连续式垂直剪刀撑，其宽度宜为4~6m，并在剪刀撑部位的顶部、扫地杆处设置水平剪刀撑（见图1）。剪刀撑杆件的底端应与地面顶紧，夹角宜为45°~60°。 2. 当建筑层高在8~20m时，除应满足上述规定之外，还应在纵、横向相邻的两连续式垂直剪刀撑之间增加之字斜撑，在有水平剪刀撑的部位，应在每个剪刀撑中间处增加一道水平剪刀撑（见图2）。 3. 当建筑层高超过20m时，在满足以上规定的基础上，应将所有之字斜撑全部改为连续式剪刀撑（见图3）。 4. 当支架立柱高度超过5m时，应在立柱周圈外侧和中间有结构柱的部位，按水平间距6~9m、竖向间距2~3m与建筑结构设置一个固结点。

子项名称	编号
模板拆除	3－023

照片/CAD 展示图	控制要点
	1. 拆模的顺序和方法应按方案的要求进行，一般采取先支后拆、后支先拆，先拆非承重板、后拆承重模板的顺序，并应从上而下进行拆除。 2. 当混凝土强度能保证其表面及棱角不受损伤时，可拆除侧模。 3. 底模及支架应在混凝土强度达到设计要求后再拆除；当设计无具体要求时，同条件养护的混凝土立方体试件抗压强度应符合规范要求。

3.3 混凝土工程

子项名称	编号
混凝土浇筑前的准备工作	3-024
照片/CAD 展示图	控制要点

1. 浇筑前要对工人认真交底，让工人清楚施工工序、质量标准及注意事项等。

2. 浇筑前再一次认真检查模板尺寸，核对钢筋规格、数量，模板、钢筋、预埋铁件及管线等全部安装完毕，经检查符合设计要求，并办完隐蔽验收手续。

3. 准备好施工用到的混凝土布料机及其他机械器具，检查机械运转情况，避免浇筑过程中因设备故障影响浇筑质量。

4. 浇筑前应将模板内的垃圾和泥土、钢筋上的油污等杂物清除干净，并检查钢筋的水泥砂浆垫块、马凳是否垫好。

子项名称	编号
布料机的稳固防护措施	3-025

照片/CAD 展示图	控制要点
	1. 布料机底部加强处理，木方背楞间距 200mm，立杆间距 600mm；布料机不得直接搁置在钢筋上，需采用支架架空。 2. 高层施工时，泵压大，为防止泵管爆裂伤人，人员活动范围内的泵管采用麻袋覆盖铁丝扎实。 3. 混凝土泵管不得直接搁置在钢筋上，需采用支架架空。混凝土泵管架设位置的模板支撑需采取加强措施，减少泵管抖动对支撑的不利影响。 4. 泵管清理时优先采用无水洗泵技术，若采用水洗则必须安装排水管，并注意污水的收集，严禁随外架排放或者排至电梯井等处。

子项名称	编号
混凝土检测及入模	3-026
照片/CAD 展示图	控制要点

1. 按规范对进场混凝土进行塌落度检测，及时掌握混凝土和易性能。

2. 混凝土浇筑前需湿润及冲洗模板。先浇筑墙柱再浇筑梁板，墙柱高度超过2m必须采用两次或两次以上分层浇筑完成，严禁一次浇筑完成，同时要控制好浇筑时间，防止出现冷缝。

3. 混凝土自料口下落的自由倾落高度不得超过2m，竖向结构混凝土浇筑高度不得超过3m，超过规范要求范围的均可采用串筒、导管、溜槽或在模板侧面开洞的方式浇筑。

4. 混凝土墙柱浇筑时，从下往上采用人工敲击模板，锤击间距200mm，边浇筑边锤击。

5. 严禁将洒落的混凝土浇筑到结构中去，严禁在混凝土中加水。

子项名称	编号
梁板柱接头不同强度等级混凝土隔挡措施	3－027

照片/CAD 展示图	控制要点
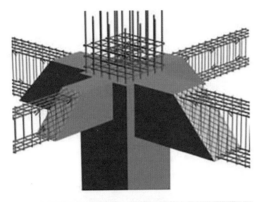	1. 柱、墙混凝土设计强度比梁、板混凝土设计强度高一个等级时，柱、墙位置梁、板高度范围内的混凝土经设计单位确认，可采用与梁、板混凝土设计强度等级相同的混凝土进行浇筑。 2. 柱、墙混凝土设计强度比梁、板混凝土设计强度高两个等级及以上时，在交界区域低强度构件中距高强度等级边缘不小于500mm 范围的位置绑扎钢板网，钢板网依据梁钢筋的位置、规格开口，并用扎丝绑扎于附加固定钢筋上，附加固定钢筋应与梁箍筋焊接牢固。当设计有要求时，按设计要求距离设置。 3. 先浇筑梁柱核心区混凝土，初凝前浇筑梁板混凝土。 4. 钢板网固定应可靠。

子项名称	编号
混凝土振捣	3-028

照片/CAD 展示图	控制要点
	1. 浇筑混凝土时现场管理人员应全程旁站并做好旁站记录，遇到突发情况及时解决或上报。 2. 梁板应由一端开始用"赶浆法"浇筑，保持水泥浆沿梁底包裹石子向前推进，每层均应振实后再下料，梁底、梁侧及节点部位要注意振实。 3. 使用插入式振捣器应快插慢拔，插点要均匀排列，逐点移动，顺序进行，不得遗漏，做到均匀振实。移动间距不大于振捣棒作用半径的 1.5 倍（一般为 30~40cm）。振捣上一层时应插入下层 5cm，以消除两层间的接缝，振捣时不得触动模板、钢筋及预埋件。 4. 振捣时应一直振到混凝土不再下沉、无明显气泡、顶面平坦一致有浮浆时方可拔出振捣棒。 5. 梁柱钢筋交接过密处，绑扎时应留置振捣孔。

子项名称	编号
混凝土试块留置	3-029

照片/CAD 展示图	控制要点
	1. 施工现场设标养室，由专职试验员负责，标养室内设备配置齐全、运转正常。 2. 同条件试块现场制作并标识清楚，数量满足规范要求；及时将同条件试块放入养护笼内并上锁，将养护笼放置在相应结构位置，用钢筋笼保护，放在施工现场与实体同条件养护，并张贴标识牌。 3. 各部位混凝土强度达到相应要求后方可拆除模板，避免缺棱掉角影响混凝土构件外观质量。

子项名称	编号
混凝土试块采用二维码标识	3－030

照片/CAD 展示图	控制要点
	**一、生成二维码** 1. 利用二维码生成器进行生成，二维码内容体现工程名称、施工单位、制作人、监理单位、见证人、施工部位、强度等级、浇筑方量、试块制作日期、试件编号、养护条件等。 2. 内容输入完成后生成初步二维码，对生成的二维码效果图进行编辑：统一二维码样式、颜色、背景、尺寸、上传 LOGO，局部微调后生成最终二维码，下载生成的二维码。 **二、二维码制作** 1. 要求成像质量清晰、可以进行扫描，二维码制作尺寸建议为 70mm×70mm，二维码尺寸偏小将影响扫描质量（无法正确识别）。 2. 将二维码粘贴在试块上进行标识。 待混凝土试件拆模结束，在混凝土试件中间位置粘贴二维码标识。

子项名称	编号
混凝土收面（一）	3–031

照片/CAD 展示图	控制要点
	1. 先用铁锹、托板初平后再用 2.5m 铝合金刮尺刮平，并随时检查混凝土厚度和平整度。 2. 楼板厚度容许偏差为（–5）～（+10）mm。 3. 墙柱边混凝土收面标高、平整度要严格控制，拉线收平，以便上层墙、柱模板根部结合严密。楼板预留孔洞及吊模部位要压实、抹平、收光。

子项名称	编号
混凝土收面（二）	3－032

照片/CAD 展示图	控制要点
	4. 屋面、地下室顶板、无装修层楼地面、厨房、卫生间、采暖井、不封闭阳台、空调板等易渗漏的部位采用收光机做原浆收光，收光机无法操作的位置，人工用铁抹子收面。 　5. 地面有二次装修时，做拉毛处理。 　6. 混凝土浇筑完成后，楼板强度达到 1.2MPa 后才能允许上人（一般 12h 左右，行走不留脚印），每平方米荷载不超过 150kg。

子项名称	编号
混凝土收面（三）采用"三遍"抹压工艺	3 –033

照片/CAD 展示图	控制要点
	1. 按标高线对楼面标高进行整体找平→采用铝合金刮尺刮平调整，并符合标高→刮平后用木抹子第一遍找平→终凝前木抹子第二遍抹平→铁抹子第三遍压实压光→拉毛处理。 2. 混凝土浇筑到设计标高后，平放振捣棒，将混凝土顶面拖振一遍，使顶面混凝土平整、密实。 3. 在混凝土浇筑完毕后，用木拖刮板或铁抹子将混凝土顶面浮浆刮除干净，用铁抹子压实找平。 4. 在混凝土初凝前进行收面，处理混凝土顶面的细微干燥硬皮及风吹后的毛细收缩裂纹。 5. 在混凝土初凝时，进行压光收面处理，然后进行覆盖养护，8 ~ 12h 后进行洒水养护。

子项名称	编号
后浇带浇筑	3－034

照片/CAD 展示图	控制要点
 	1. 没有防水要求的部位，后浇带处宜选用缝梳子模板隔开，保证混凝土断开面整齐、钢筋保护层厚度准确不偏位。后浇带接缝处的断面形式应根据墙板厚度的实际情况决定，一般厚度小于或等于300mm 的墙板，可做成直缝；厚度大于300mm 的墙板，可做成阶梯缝或上下对称坡口形；厚度大于600mm 的墙板，可做成凹形或多边凹形的断面。 2. 地下室有防水要求的部位做好防水措施，预埋橡胶止水带、止水钢板等。 3. 后浇带浇筑时间要严格按照设计及规范要求，不得提前或推后浇筑。 4. 浇筑混凝土前对缝内要认真清理、剔凿、冲刷，凿至露出石子为宜，并清除松动石子，偏位的钢筋要复位。 5. 后浇带混凝土浇筑，强度按设计要求，一般选用提高一个强度等级的微膨胀混凝土。 6. 混凝土一定要振捣密实，尤其是地下室有防水要求部位更应认真处理，提高其自身防水能力。 7. 混凝土浇筑后注意保护，观察记录，及时养护。

子项名称	编号
混凝土养护	3-035

照片/CAD 展示图	控制要点

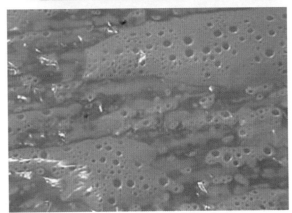

1. 混凝土浇筑 12h 后开始洒水养护，洒水养护应保证混凝土表面处于湿润状态，养护时间一般不少于 7d，采用缓凝型外加剂、大掺量矿物掺合料配制的混凝土养护时间不少于 14d。

2. 雨季施工浇筑后采用塑料薄膜或彩条布遮盖，当日最低温度低于 5℃ 时要覆盖塑料薄膜或者塑料薄膜加草帘，不能洒水养护，塑料薄膜要紧贴混凝土表面，薄膜内应保持有凝结水。

3. 基础大体积混凝土要采用保温覆盖养护，当混凝土表面以内 40～100mm 位置的温度与环境温度的差值小于 25℃ 时，可以结束保温覆盖养护，结束覆盖后应继续洒水养护至养护完成。

4. 冬季施工时要注意做好防冻措施，当混凝土表面与环境温度差大于 20℃ 时，拆模后要立即保温覆盖。

5. 地下室底层和上部结构首层墙柱要带模养护不少于 3d，带模养护结束后要洒水养护至养护完成。

子项名称	编号
楼板养护应用自动喷洒水装置	3－036

照片/CAD 展示图	控制要点
	1. 自动喷洒水养护装置采用 4mm 厚钢板制作，总高度为 1100mm。 2. 其中支座高度为 200mm，采用 30mm×3mm 角铁与橡胶轮焊接而成，可以 360° 自由旋转。 3. 顶部采用 DN20 镀锌钢管与机身进行焊接，并设置摇臂喷头，可以 360° 自由旋转，覆盖半径为 10～15m。 4. 底部 DN20 镀锌钢管与机身焊接并与外部水源相接。

子项名称	编号
楼板管道吊洞采用 ABS 定型化模板	3 –037

照片/CAD 展示图	控制要点
	1. 把 ABS 定型化吊洞模板的两半平面向上紧贴楼板下表面卡在管子上→把两边紧固可旋的螺栓或蝴蝶螺帽旋固紧。 2. 根据现场实际管道直径定做各型号模具，模具圆环宽度宜为 100mm。 3. 管道安装前将洞口底部磨平，吊洞预留的铁丝、铁钉清理干净，洞口顶部（尤其是墙根部位）松动的落地灰清理干净，洞口四周进行凿毛处理，然后进行管道垂线，定位安装。

子项名称	编号
混凝土工程质量通病预防（一）	3－038

照片/CAD 展示图	控制要点
	**一、蜂窝** 1. 产生原因：振捣不实或漏振，模板缝隙过大导致水泥浆流失，钢筋较密或石子粒径过大。 2. 预防措施：按规定使用和移动振动器，中途停歇后再浇捣时，新旧接缝范围内要小心振捣，模板安装前应清理模板表面及模板拼缝处的黏浆，才能使接缝严密，接缝宽度超过 2mm 时需填封，梁筋过密时应选择相应的石子粒径。 **二、露筋** 1. 产生原因：主筋保护层垫块不足导致钢筋紧贴模板，振捣不实。 2. 预防措施：钢筋垫块厚度要符合设计规定的保护层厚度，垫块放置间距适当，钢筋直径较小时垫块宜密些，使钢筋下垂挠度减少，保护层厚度满足设计要求。

子项名称	编号
混凝土工程质量通病预防（二）	3－039

照片/CAD 展示图	控制要点

三、麻面夹渣

1. 产生原因：模板表面不光滑，模板没有湿润，漏涂脱模剂；施工缝没有按规定进行清理，特别是板面、梁底、墙柱脚位置。

2. 预防措施：模板应平整光滑，安装前要把黏浆清除干净，并满涂脱模剂，浇捣前对模板要浇水湿润；浇筑前要再次检查，清理杂物、泥沙、木屑以及安装 PVC 管时产生的垃圾。

四、烂根

1. 产生原因：模板下口缝隙过大，没有填塞严密，导致漏水泥浆，或浇筑前没有先浇灌 50mm 厚以上的同标号水泥砂浆。

2. 预防措施：模板缝隙宽度超过 2mm 的应予以填塞严密，特别应防止侧板吊脚，浇筑混凝土前先浇足 50～100mm 厚的水泥砂浆。泵送到楼面的砂浆，宜采用容器盛装后，分散到剪力墙内，严禁直接打到板面或梁内。

子项名称	编号
混凝土工程质量通病预防（三）	3－040

照片/CAD 展示图	控 制 要 点
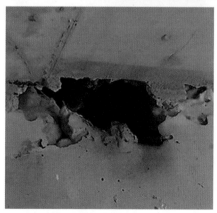	**五、错台** 1. 产生原因：外墙、楼电梯井等位置，上下层接缝处理不当，没有按照方案及规范要求进行加固。 2. 预防措施：按方案要求加固，避免因胀模出现错台，上下层接缝处模板着重加固。 **六、孔洞** 1. 产生原因：振捣不充分或未振捣而使混凝土架空，特别是边角及节点位置；节点处钢筋过于密集且没有留置下料振捣孔；混凝土中包有泥土等杂物。 2. 预防措施：对节点位置加强振捣，保证振捣密实，对钢筋密集部位绑扎钢筋时注意留置下料孔，同时控制好混凝土质量，发现问题后及时与供应商沟通。

第4章 钢结构工程

4.1 钢结构进场摆放及标识工程

子项名称	编号
钢结构进场摆放及标识工程	4-001

照片/CAD 展示图	控制要点
 图1 钢构件堆场  图2 彩钢板堆场	1. 钢结构构件堆放场地应平整、坚实，无水坑、冰层，地面平整、干燥，并应排水通畅，有较好的排水设施，同时有车辆进出的回路。 2. 构件应按种类、型号、安装顺序划分区域，插竖标志牌。不同类型的钢构件一般不堆放在一起。同一工程的钢构件应分类堆放在同一地区，便于安装。 3. 构件底层垫块要有足够的支承面，不允许垫块有大的沉降量，堆放的高度应有计算依据，以最下面的构件不产生永久变形为准，不得随意堆高。 4. 钢结构产品不得直接置于地上，要垫高200mm。H型焊接钢结构构件要立放，用木结构支撑固定。高强度螺栓不允许露天存放，不同规格、生产批号、厂家、等级的螺栓要分类码放，并挂牌标识。螺栓堆积不要高于3层以上，底层应距地面300mm以上。 5. 钢构件进场要分类标识、分类堆放。堆放需考虑到安装顺序，先安装的构件应堆放在堆场前排，彩板标识应注明材质、形状、数量及生产日期。 6. 现场堆放按钢结构吊装就近的原则进行放置，材料等不准任意堆放，并加强对成品的保护工作。 7. 在堆放中，发现有变形不合格的构件，则严格检查，进行矫正，然后再堆放，现场处理困难时可回运工厂处理。 8. 对于已堆放好的构件，要派专人汇总资料，建立完善的进出厂的动态管理，严禁乱翻、乱移。同时对已堆放好的构件进行适当保护，避免风吹雨打、日晒夜露。

4.2 钢结构焊接和焊钉焊接工程

子项名称	编号
钢结构焊接和焊钉焊接工程（一）	4-002

照片/CAD 展示图	控制要点
 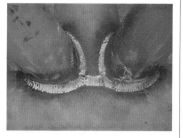　图 1　焊缝表观质量　　图 2　焊缝表观质量　　图 3　栓钉焊接质量	1. 焊条、焊丝、焊剂、电渣焊熔嘴等焊接材料与母材的匹配应符合设计要求和现行国家标准《钢结构焊接规范》（GB 50661—2011）的规定。使用前，应按其产品说明书及焊接工艺文件的规定进行烘焙和存放。 2. 选择合适的焊接工艺、焊条直径、焊接电流、焊接速度、焊接电弧长度等，并通过焊接工艺试验验证。 3. 清理构件焊口；控制好焊接电流；注意焊弧起落点的位置及焊接速度；根据焊件的厚度掌握好焊接角度并做好收弧。 4. 按实际采用的钢材与焊钉匹配进行焊接，焊钉焊接宜采用栓钉焊机施工。 5. 冬期低温进行电弧焊时，要注意焊缝冷脆效应并采取预热焊件措施。 6. 焊接应分层清渣，分层施焊，经焊工自检确无问题后，在焊缝周围不影响构件结构的明显处做好标记，方可转移地点继续焊接。 7. 班组自检结果可作为班组自检记录，班组自检合格后，由专业质检员检查评定，并填写《焊接分项工程检验批质量验收记录》，报监理单位检查验收。 8. 焊钉圆周焊缝处融合金属挤出应饱满、均匀；与母材熔合良好无夹渣、焊皮未清除现象；锤击焊钉头使其弯曲至30°进行弯曲试验检查，其焊缝和热影响区没有肉眼可见的裂纹判为合格。

子项名称	编号
钢结构焊接和焊钉焊接工程（二）	4-003

照片/CAD 展示图	控制要点

图 1　超声波探伤

图 2　射线探伤

9. 设计要求全熔透的一、二级焊缝应采用超声波探伤进行内部缺陷的检验，超声波探伤不能对缺陷做出判断时，应采用射线探伤，其内部缺陷分级及探伤方法应符合现行国家标准《焊缝无损检测　超声检测　技术、检测等级和评定》（GB/T 11345—2013）或《焊缝无损检测　射线检测》（GB/T 3323—2019）的规定。

10. 焊接球节点网架焊缝、螺栓球节点网架焊缝及圆管 T、K、Y 形节点相贯线焊缝，其内部缺陷分级及探伤方法应分别符合国家现行标准《钢结构超声波探伤及质量分级法》（JG/T 203—2007）和《钢结构焊接规范》（GB 50661—2011）的规定。

11. T 形接头、十字接头、角接接头等要求熔透的对接和角对接组合焊缝，其焊脚尺寸不应小于 $t/4$（见下页图 1～图 3）；设计有疲劳验算要求的吊车梁或类似构件的腹板与上翼缘连接焊缝的焊脚尺寸为 $t/2$（见下页图 4），且不应大于 10mm。焊脚尺寸的允许偏差为 0～4mm。

12. 一、二级焊缝不得有表面气孔、夹渣、弧坑、裂纹、焊瘤、电弧擦伤等缺陷，且一级焊缝不得有咬边、未焊满、根部收缩等缺陷。

13. 对于需要进行焊前预热或焊后热处理的焊缝，预热区在焊道两侧，每侧宽度均应大于焊件厚度的 1.5 倍以上，且不应小于 100mm；后热处理应在焊后立即进行，应根据板厚按每 25mm 板厚保温时间 1h 确定。

子项名称	编号
钢结构焊接和焊钉焊接工程（三）	4-004

照片/CAD 展示图	控制要点

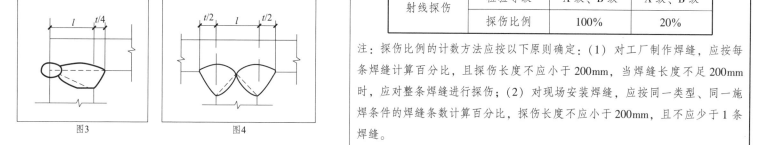

图1　图2

图3　图4

14. 一级、二级焊缝的质量等级及缺陷分级应符合下表的规定

焊缝质量等级		一级	二级
内部缺陷 超声波探伤	评定等级	Ⅱ	Ⅲ
	检验等级	B级	B级
	探伤比例	100%	20%
内部缺陷 射线探伤	评定等级	Ⅱ	Ⅲ
	检验等级	A级、B级	A级、B级
	探伤比例	100%	20%

注：探伤比例的计数方法应按以下原则确定：（1）对工厂制作焊缝，应按每条焊缝计算百分比，且探伤长度不应小于200mm，当焊缝长度不足200mm时，应对整条焊缝进行探伤；（2）对现场安装焊缝，应按同一类型、同一施焊条件的焊缝条数计算百分比，探伤长度不应小于200mm，且不应少于1条焊缝。

子项名称	编号
钢结构焊接和焊钉焊接工程（四）	4－005

照片/CAD 展示图	控制要点
 图1 图2	15. 焊缝长度、宽度、厚度不足，中心线偏移，以及弯折等超出允许偏差时，应严格控制焊接部位的相对位置尺寸，合格后方准焊接，焊接时精心操作。 16. 为防止裂纹产生，应选择适合的焊接工艺参数和施焊工序，避免用大电流，不要突然熄火。焊缝接头应搭接 10～15mm，焊接中不允许搬动、敲击焊件。 17. 为避免表面气孔，焊条按规定的温度和时间进行烘焙，焊接区域必须清理干净，焊接过程中选择适当焊接电流，适中焊接速度，使熔池中的气体完全逸出。

子项名称	编号
框架结构现场梁柱焊接（一）	4-006

照片/CAD 展示图	控制要点

图1　梁柱翼缘直接连接饱满焊缝

图2　柱悬臂连接于梁翼缘连接饱满焊缝

1. 为避免焊缝夹渣，多层施焊应层层将焊渣清除干净，操作中应运条正确，弧长适当。注意熔渣的流动方向，采用碱性焊条时应使熔渣留在熔渣后面。

2. 无损探伤应在外观检查合格后进行，Ⅰ、Ⅱ类钢材及焊接难度等级为 A、B 时，应以焊接完成 24h 后的检测结果为验收依据，Ⅲ、Ⅳ类钢材及焊接难度等级为 C、D 时，应以焊接完成 48h 后的检测结果为验收依据。

子项名称	编号
框架结构现场梁柱焊接（二）	4－007

照片/CAD 展示图	控制要点
 图1 焊缝间隙  图2 焊缝间隙不足仅贴焊	3. 钢框架结构的梁柱栓焊连接节点，上下翼缘焊缝为要求全熔透的一级或二级焊缝。 4. 在钢梁制作时，应根据焊缝工艺要求的间隙在加工图中调整钢梁长度，并加工出焊缝坡口，根据钢梁翼缘钢板厚度，预留的焊缝间隙应为6~10mm，坡口角度为45°~60°。 5. 设计梁端有补强板的，补强板应跟随翼缘同时开坡口。

子项名称	编号
框架结构现场梁柱焊接（三）	4－008

照片/CAD 展示图	控制要点

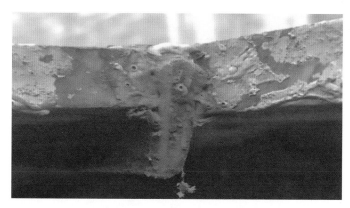

图 1　焊缝中夹杂异物

图 2　焊缝未焊

6. 现场安装后，应对翼缘错边、焊道间隙进行检查验收，不合格的应整改至合格再进行焊接，翼缘焊接应在高强度螺栓初拧后进行，焊接完成后进行高强度螺栓的终拧，否则应根据规范调整螺栓数量；焊接应在楼板施工前进行。

7. 现场连接焊缝应饱满，当焊道间隙较大时，应采用焊接填充，不得添加其他材料；设计有梁端补强板时，补强板应连同翼缘同时与柱或悬臂端焊接。

8. 焊接完成后，外观检查和无损检测合格后方可进行楼板等工序施工。

4.3 钢结构工程现场安装焊接顺序

子项名称	编号
钢框架结构现场安装焊接顺序	4-009

照片/CAD 展示图	控制要点
	现场安装采用的焊接顺序一般根据结构类型及平面、立面图的特点，以对称轴为界或以不同体形结合处为分界区，配合吊装顺序进行安装焊接。梁柱框架结构焊接顺序应遵循以下原则或程序。 1. 在吊装、校正和栓焊混合节点的高强度螺栓终拧完成若干节间以后开始焊接，以利于形成稳定框架。 2. 焊接时应根据结构体形特点选择若干基准柱或基准节间，由此开始焊接主梁与柱之间的焊缝，然后向四周扩展施焊，以避免收缩变形向一个方向累积。 3. 同一节柱之各层梁安装好后，应先焊上层梁、后焊下层梁，使框架稳固，便于施工。 4. 栓焊混合节点中，应先栓后焊（如腹板的连接），以避免焊接收缩引起栓孔间位移。 5. 柱-梁节点两侧对称的两根梁端应同时与柱相焊，防止柱的偏斜。 6. 柱-柱节点焊接由下层往上层顺序焊接，由于焊缝横向收缩，再加上重力引起的沉降，有可能使标高误差累积，在安装焊接若干节柱后应视实际偏差情况及时要求构件制作厂调整柱长，以保证高度方向的安装精度达到设计和规范要求。

子项名称	编号
空间网格结构现场安装焊接顺序	4-010

照片/CAD 展示图	控制要点

1. 空心球-钢管网架或网壳结构一般根据结构的几何平面特点和起重条件将整片网格分成几块在地面分别组焊成片，然后在高空拼焊成整体网格。

2. 大型桁架一般在地面台架上进行单榀桁架组焊，然后吊至高空就位，再焊接各榀桁架间的横向杆件。在地面台架或高空安装台架上焊接时，都要按照先焊中间节点再向桁架两端节点扩展的焊接顺序，以避免由于焊接收缩向一端累积而引起的桁架各节点间的尺寸误差。

3. 在地面或高空拼焊前，应估算出节点焊缝的横向收缩量，采取钢管预留长度的方法使拼装的尺寸准确。

4. 对长焊缝宜采用分段退焊或多人对称焊接方法，或者采用分段跳焊法，避免工件局部热量集中，但应注意构件长度的控制。

4.4 钢结构紧固件连接工程

子项名称	编号
紧固件连接工程（一）	4-011

照片/CAD 展示图	控制要点
 高强度扭剪型螺栓 高强度大六角头螺栓 丝扣外露不足　　切割扩孔严重	1. 普通螺栓作为永久性连接螺栓时，当设计有要求或对其质量有疑义时，应进行螺栓实物最小拉力荷载复验。 2. 自攻钉、拉铆钉、射钉等其规格尺寸应与被连接钢板相匹配，其间距、边距等应符合设计要求。 3. 永久性普通螺栓紧固应牢固、可靠，外露丝扣不应少于2扣。可用锤击法检查。要求螺栓头（螺母）不偏移、不颤动、不松动，否则需重新紧固施工。 4. 高强度螺栓连接摩擦面的抗滑移系数试验和复验，现场处理的构件摩擦面应单独进行摩擦面抗滑移系数试验，其结果应符合设计要求，并给出试验报告和复验报告。 5. 扭剪型高强度螺栓紧固检查，以目视确认梅花头被专用扳手拧掉，即判定为合格；对于不能采用专用扳手紧固的螺栓，应按大六角头螺栓的检验方法检查。 6. 高强度螺栓连接副的施拧顺序和初拧、复拧扭矩应符合设计要求和现行行业标准《钢结构高强度螺栓连接技术规程》（JGJ 82—2011）的规定。 7. 高强度螺栓连接副终拧后，螺栓丝扣外露应为2~3扣，允许有10%的螺栓丝扣外露1扣或4扣。 8. 高强度大六角头螺栓连接副终拧完成后，扭矩检查宜在1h后、24h之前完成。 9. 螺栓球节点网架总拼完成后，高强度螺栓与球节点应紧固连接，高强度螺栓拧入螺栓球内的螺纹段长度不应小于 $1.0d$（ d 为螺栓直径），连接处不应出现有间隙、松动等未拧紧情况。

子项名称	编号
紧固件连接工程（二）	4-012

照片/CAD 展示图	控制要点

扭剪型高强度螺栓连接

10. 高强度螺栓的连接构造应符合下表要求。

高强度螺栓连接的孔径匹配（mm）

螺栓公称直径			M12	M16	M20	M22	M24	M27	M30
孔型	标准圆孔	直径	13.5	17.5	22	24	26	30	33
	大圆孔	直径	16	20	24	28	30	35	38
	槽孔	短向 长度	13.5	17.5	22	24	26	30	33
		长向	21	30	37	40	45	50	55

11. 不得在同一个连接摩擦面的盖板和芯板上同时采用扩大孔型（大圆孔、槽孔）。

12. 当盖板为大圆孔、槽孔时，应增大垫圈厚度或者采用孔径与标准垫圈相同的连续型垫板，垫圈或者连续型垫板应符合下列要求。

（1）M24 及以下规格的高强度螺栓连接副，垫圈或者连续型垫板厚度不得小于8mm。

（2）M24 以上规格的高强度螺栓连接副，垫圈或者连续型垫板厚度不得小于10mm。

（3）冷弯薄壁型钢结构的垫圈或连续型垫板厚度不宜小于连接板（芯板）的厚度。

子项名称	编号
紧固件连接工程（三）	4－013

照片/CAD 展示图	控制要点
 图1 扭剪型高强度螺栓连接标准示意	13. 安装高强度螺栓的注意事项。 （1）安装时高强度螺栓应自由穿进孔内，不得强行敲打。扭剪型高强度螺栓的垫圈安在螺母一侧，垫圈孔有倒角的一侧应和螺母接触，不得装反（大六角头高强度螺栓的垫圈应安装在螺栓头一侧和螺母一侧，垫圈孔有倒角的一侧应和螺栓头接触，不能装反）。 （2）螺栓不能自由穿进时，不得用气割扩孔，要用绞刀绞孔，修孔时需使板层紧贴，以防铁屑进入板缝，绞孔后要用砂轮机清除孔边毛刺，并清除铁屑。 （3）螺栓穿进方向宜一致，穿进高强度螺栓用扳手紧固后，再卸下临时螺栓，以高强度螺栓替换。不得在雨天安装高强度螺栓，且摩擦面应处于干燥状态。

4.5 钢格构（十字）柱与钢筋混凝土梁连接节点核心区的构造连接工程

子项名称	编号
型钢混凝土梁柱节点	4-014

照片/CAD 展示图	控制要点
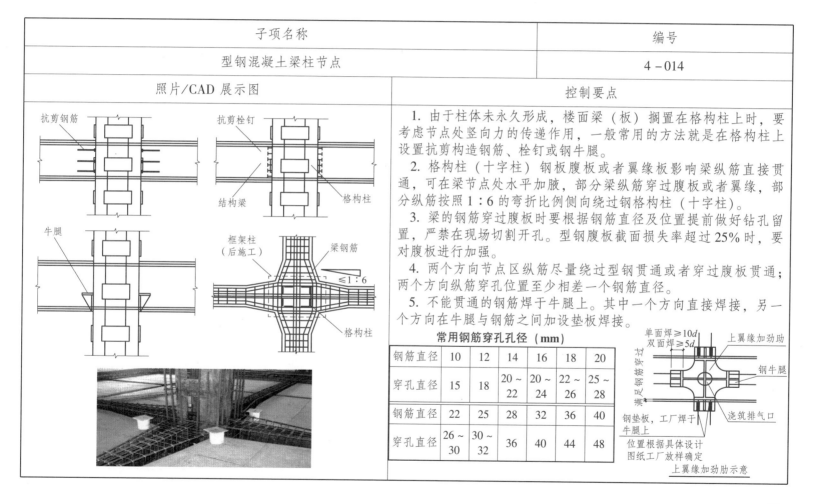	1. 由于柱体未永久形成，楼面梁（板）搁置在格构柱上时，要考虑节点处竖向力的传递作用，一般常用的方法就是在格构柱上设置抗剪构造钢筋、栓钉或钢牛腿。 2. 格构柱（十字柱）钢板腹板或者翼缘板影响梁纵筋直接贯通，可在梁节点处水平加腋，部分梁纵筋穿过腹板或者翼缘，部分纵筋按照1:6的弯折比例侧向绕过钢格构柱（十字柱）。 3. 梁的钢筋穿过腹板时要根据钢筋直径及位置提前做好钻孔留置，严禁在现场切割开孔。型钢腹板截面损失率超过25%时，要对腹板进行加强。 4. 两个方向节点区纵筋尽量绕过型钢贯通或者穿过腹板贯通；两个方向纵筋穿孔位置至少相差一个钢筋直径。 5. 不能贯通的钢筋焊于牛腿上。其中一个方向直接焊接，另一个方向在牛腿与钢筋之间加设垫板焊接。

常用钢筋穿孔孔径（mm）

钢筋直径	10	12	14	16	18	20
穿孔直径	15	18	20~22	20~24	22~26	25~28
钢筋直径	22	25	28	32	36	40
穿孔直径	26~30	30~32	36	40	44	48

4.6 钢管混凝土柱与钢筋混凝土梁连接节点核心区的构造连接工程

子项名称	编号
钢管混凝土柱与钢筋混凝土梁连接节点核心区的构造连接	4－015

照片/CAD 展示图	控制要点
 图 1　钢牛腿环梁节点  图 2　钢牛腿焊接钢筋  图 3　钢筋混凝土环形牛腿	1. 熟悉图纸，根据钢筋混凝土梁与钢牛腿的位置关系绘出钢筋模型确定钢筋焊接位置；做好材料准备。 2. 大直径钢筋焊接时，相邻两根钢筋要相互错开布置，采取双面焊施工，焊缝长度不小于 $5d$，焊缝宽度不小于 $0.6d$，焊缝厚度不小于 $0.35d$；个别位置采用双面焊困难时可采用单面焊，焊接长度不小于 $10d$。 3. 在钢牛腿及环梁上开洞，以便于施工，需经设计验算满足受力要求；用小型振捣器通过开洞的环板进入钢牛腿内，使加强节点处的混凝土振捣密实。同时可以排出节点内空气，提高核心区的混凝土质量。 4. 合理控制钢筋混凝土环梁标高，对于核心区内的栓钉、芯板加劲肋、环箍钢筋焊接严格按照制定的焊接工艺进行，并对各项指标严格按照设计文件及规范进行检查和检测，做好焊接记录。 5. 制作钢筋混凝土环梁主筋加工平台及加工胎膜，提高环梁钢筋加工尺寸的准确性，绑扎时合理安排环梁及框架梁钢筋排放及绑扎顺序，按照箍筋、底筋、腰筋、面筋交错及交替的原则合理布置。

4.7 钢结构防腐涂装工程

子项名称	编号
钢结构防腐涂装	4－016

照片/CAD 展示图	控制要点
 图1　焊接后打磨平整  图2　施工现场补漆	1. 涂装前钢构件表面除锈应符合设计要求和国家现行有关标准的规定。处理后的钢材表面不应有焊渣、焊疤、灰尘、油污、水和毛刺等。 2. 涂料、涂装遍数、涂层厚度均应符合设计要求。当设计对涂层厚度无要求时，涂层干漆膜总厚度应为：室外 $150\mu m$，室内 $125\mu m$，其允许偏差为 $-25\mu m$。每遍涂层干漆膜厚度的允许偏差为 $-5\mu m$。 3. 防腐涂料开启包装后，不应存在结皮、结块、凝胶、有杂质等现象。 4. 构件表面不应误涂、漏涂，涂层不应脱皮和返锈等。涂层应均匀，无明显皱皮、流坠、针眼和气泡等缺陷。 5. 当钢结构处于有腐蚀介质环境或外露且设计有要求时，应进行涂层附着力测试，在检测处范围内，当涂层完整程度达到70%以上时，涂层附着力达到合格质量标准的要求。 6. 构件表面有结露时不得涂装，涂装后 4h 内不得淋雨。 7. 构件补刷涂层质量应符合规定要求，补刷涂层漆膜应完整。 8. 涂装完成后，钢构件的标识、标记和编号应清晰、完整。 9. 防火涂料涂装前钢构件表面除锈及防锈漆涂装应符合设计要求和国家现行有关标准的规定。

4.8 钢结构防火涂装工程

子项名称	编号
钢结构防火涂装（一）	4-017

照片/CAD 展示图	控制要点
 图1 膨胀型防火涂料 图2 非膨胀型防火涂料	1. 施工前相应的设计文件及技术资料齐全，并有技术交底资料。 2. 施工现场及施工中使用的水、电、气满足施工要求，并能保证连续施工；施工现场的防火措施、管理措施和灭火器材配备符合消防安全要求。 3. 钢材表面除锈、防腐涂装检验批质量检验合格；钢结构安装工程检验批质量检验合格。 4. 严格按照设计文件给出的防火材料性能要求进行防火涂料的选择。 5. 防火涂料应具有生产厂家提供的型式认可证书、型式检验报告、产品合格证、产品说明书、施工工艺等技术资料。 6. 室外、半室外钢结构采用膨胀型防火涂料时，应选用符合环境对其性能要求的产品。 7. 非膨胀型防火涂料涂层的厚度不应小于10mm。 8. 防火涂料与防腐涂料应相容、匹配。

子项名称	编号
钢结构防火涂装（二）	4－018

照片/CAD 展示图	控制要点

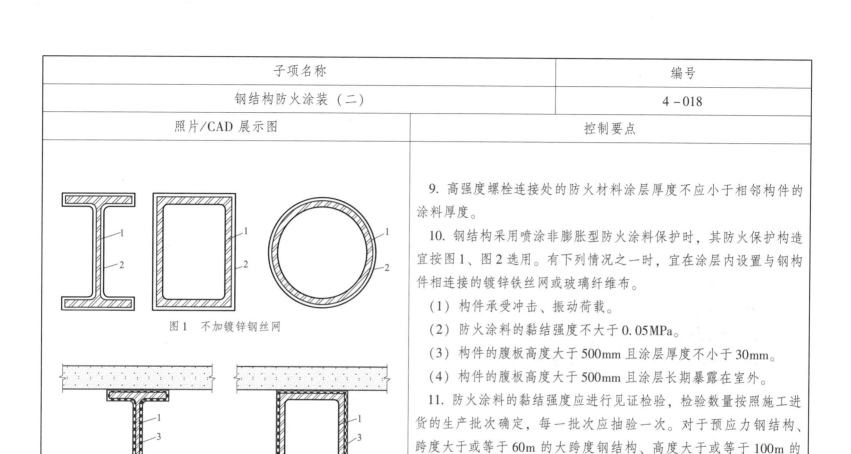

图1　不加镀锌钢丝网

1—钢构件；2—防火涂料；3—镀锌铁丝网
图2　加镀锌钢丝网

9. 高强度螺栓连接处的防火材料涂层厚度不应小于相邻构件的涂料厚度。

10. 钢结构采用喷涂非膨胀型防火涂料保护时，其防火保护构造宜按图1、图2选用。有下列情况之一时，宜在涂层内设置与钢构件相连接的镀锌铁丝网或玻璃纤维布。

（1）构件承受冲击、振动荷载。

（2）防火涂料的黏结强度不大于0.05MPa。

（3）构件的腹板高度大于500mm且涂层厚度不小于30mm。

（4）构件的腹板高度大于500mm且涂层长期暴露在室外。

11. 防火涂料的黏结强度应进行见证检验，检验数量按照施工进货的生产批次确定，每一批次应抽验一次。对于预应力钢结构、跨度大于或等于60m的大跨度钢结构、高度大于或等于100m的高层建筑钢结构所采用的防火涂料，在材料进场后，应对其黏结强度、隔热性能进行见证检验。检验数量按照施工进货的生产批次确定，每一批次应抽验一次，其抽验结果应符合有关标准的规定。

4.9 单层门式刚架轻型房屋主体结构安装工程

子项名称	编号
单层门式刚架轻型房屋主体结构安装	4－019

照片/CAD 展示图	控制要点

照片/CAD 展示图

图1 单层门式刚架结构主体结构安装

项 目	允许偏差	图 例
主体结构的整体垂直度	H/1000，且不应大于25.0	
主体结构的整体平面弯曲	L/1500，且不应大于25.0	

图2 整体垂直度和整体平面弯曲允许偏差

控制要点

1. 单层门式刚架轻型房屋钢结构的安装，应根据设计文件和施工图的要求制定施工组织设计。必须保证结构形成稳定的空间体系，并不得导致结构永久变形。

2. 刚架柱脚的锚栓采用可靠方法定位，除测量直角边长外，尚应测量对角线长度。确保基础顶面的平面尺寸和标高符合设计要求。

3. 安装顺序宜先从靠近山墙的有柱间支撑的两榀刚架开始。在刚架安装完毕后应将其间的檩条、支撑、隔撑等全部装好，并检查其铅垂度。然后，以这两榀刚架为起点，向房屋另一端顺序安装。

4. 构件悬吊应选择合理的吊点，大跨度构件的吊点须经计算确定。对于侧向刚度小、腹板宽厚比大的构件，应采取防止构件扭曲和损坏的措施。构件的捆绑和悬吊部位，应采取防止构件局部变形和损坏的措施。

5. 刚架在施工中应及时安装柱间（水平）支撑，必要时增设缆风绳有效固定。

6. 固定式屋面板与檩条连接以及墙板与墙梁连接时，螺钉中心距不宜大于300mm。房屋端部和屋面板端头连接螺钉的间距宜加密。

7. 在屋面板的纵横方向搭接处，应连续设置密封胶条（如丁基橡胶胶条）。檐口处的搭接边除设置胶条外，尚应设置与屋面板剖面形状相同的堵头。

8. 钢结构主体结构整体垂直度和整体平面弯曲允许偏差应符合左表的规定。

4.10 多层和高层钢结构主体结构安装工程

子项名称	编号
多层和高层钢结构主体结构安装	4 - 020

照片/CAD 展示图	控制要点
 图 1 多层和高层钢结构主体结构安装	1. 多层及高层钢结构安装工程，可按楼层或施工区段等划分若干个检验批。 2. 柱子、主梁、支撑等主要构件安装时，应在就位并临时固定后，立即进行校正，并永久固定，形成稳定的空间刚度单元。 3. 构件的安装顺序，平面上应从中间向四周扩展，竖向应由下向上逐步安装。 4. 构件接头的焊接顺序，平面上应从中部对称地向四周扩展，提前列出焊接顺序编号，注明焊接工艺参数。 5. 结构的楼层标高可按相对标高或设计标高进行控制。按相对标高安装时，建筑物高度的累计偏差不得大于各节柱制作允许偏差的总和；按设计标高安装时，应以每节柱为单元进行柱标高的调整，将每节柱接头焊缝的收缩值和在经常荷载下的压缩变形值加到柱的制作长度中。 6. 安装柱时，每节柱的定位轴线应从地面控制轴线直接引上，不得从下层柱的轴线引上。柱的安装应先调整标高，再调整位移，最后调整垂直偏差，并应重复上述步骤，直至柱的标高、位移、垂直偏差符合要求。 7. 钢结构安装和楼盖混凝土楼板施工，应相继进行，两项作业相距不宜超过 5 层。当超过 5 层时，应会同设计单位和监理单位共同协商处理。 8. 现场栓接和焊接节点施工完毕后要及时进行补漆，防止节点处锈蚀。 9. 钢结构主体结构整体垂直度和整体平面弯曲允许偏差应符合左表的规定。

项 目	允许偏差	图 例
主体结构的整体垂直度	$(H/2500+10.0)$，且不应大于 50.0	
主体结构的整体平面弯曲	$L/1\,500$，且不应大于 25.0	

图 2 整体垂直度和整体平面弯曲允许偏差

4.11 空间网格结构结构总拼及屋面工程完成后挠度值检测

子项名称	编号
空间网格结构结构总拼及屋面工程完成后挠度值检测	4－021

照片/CAD 展示图	控制要点
 图1 网架结构总拼安装完成 图2 三角高程测量网架挠度观测示意	1. 空间网格结构挠度测量执行《钢结构工程施工质量验收标准》（GB 50205—2020）第 11.3.1 条的规定。 2. 可用三角高程测量的中间设站观测方式。 3. 空间网格结构结构的容许挠度值及检测结果的判定方法。 （1）空间网格结构工程设计计算挠度应由设计单位提供。 （2）《空间网格结构技术规程》（JGJ 7—2010）第 6.11.3 条规定：所测得的挠度值不应超过现荷载条件下挠度计算值的 1.15 倍。 4. 跨度小于 60m 以下中小跨度网架结构的挠度观测周期和频率，在网架结构总拼（安装）完成后观测一次，屋面工程完成后再观测一次，总观测次数为两次。

第5章　装配式混凝土工程

5.1　预制构件进场验收

子项名称	编号
预制构件进场验收	5－001

照片/CAD 展示图	控制要点
　图1　堆放场地进行硬化，地势平坦，叠合板堆放层数不超过6层　　图2　堆放场地进行硬化，地势平坦，墙体用专用的存放架垂直放置　 　图3　堆放场地进行硬化，地势平坦，构件与地面层间软接触（一）　　图4　堆放场地进行硬化，地势平坦，构件与地面、层间软接触（二）	1. 进场构件的质量检查项目包括：尺寸偏差、预留孔洞、预埋件；后浇部位钢筋的数量、型号和位置、预留钢筋外露长度、键槽等与设计图纸一致；要求表面无麻面、起砂、掉皮、污染，无缺棱掉角、表面翘曲、抹面凹凸不平现象，无影响结构性能的破损、裂缝，无连接件松动现象；构件编号与实体相符，构件标识齐全。由施工单位质检员和材料员及监理单位共同检查，通过观察和实测进行全数检查。 2. 构件性能检查：构件出场质量证明书、原材检验报告、混凝土强度检验报告及构件结构性能检验报告、套筒接头力学性能检验报告及接头工艺检验报告等。（检试验频次及数量符合规范要求的代表批次） 3. 检查进场构件堆放质量，堆放的场地应坚实、平整，且有排水措施；墙体宜采用专用的存放架垂直立放；叠合板等水平构件宜平放，每层之间用垫木垫起，垫木宜采用通长木方，保证构件之间软接触，每层垫木应上下对齐，叠合板最高堆放层数不得超过6层。构件应按品种、规格、吊装顺序分别设置堆垛。

5.2 墙体构件安装施工

子项名称	编号
墙体构件安装施工（一）	5-002

照片/CAD 展示图	控制要点
  图1 用经纬仪进行控制线的复测， 保证轴线及控制线偏差在规范允许范围内   图2 用定位固定器控制竖向插筋位置	**一、测量控制** 1. 用经纬仪复核纵、横轴上的安装定位控制线，偏差不得超过2mm。 2. 用水准仪复核水平控制线，偏差不得超过2mm。 3. 墙体底部地面预留插筋可采用专用固定器进行校正，保证插筋位置的准确度，每根插筋中心位置偏移量不得大于3mm。

子项名称	编号
墙体构件安装施工（二）	5－003

照片/CAD 展示图	控制要点

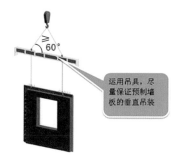

运用吊具，尽量保证预制墙板的垂直吊装

图1　预制墙体吊装，保证构件垂直起吊，避免构件侧弯和挤压破坏

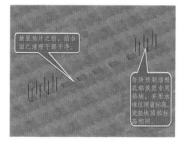

放置垫片之前，结合面已清理干净

每块预制墙板底部放置专用垫块，并用水准仪测量标高，使垫块顶部标高相同

图2　预制墙体安装前检查基面，达到平整、干净

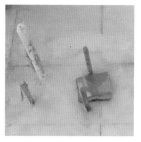

图3　调整垫片标高以满足设计要求

二、预制墙体的吊装

1. 平面规则的墙体吊装时，为避免墙体挤压和侧弯，利用专用吊具确保墙体垂直起吊，吊索吊钩直接钩在墙体的预埋吊点上，吊钩与吊点间不得歪扭或卡死，钢丝绳与吊件成垂直状态，吊装吊索与专用吊具水平线的夹角不宜小于60°，不应小于45°。

2. 吊装不同规格的墙体时，为避免墙体挤压和侧弯，根据实际情况调整钢丝绳间距，使钢丝绳与吊件呈垂直状态。

三、预制墙体的安装

1. 检查预制墙体安装基面，基面必须平整，墙体与现浇混凝土结合面要清理干净，不得有石子、碎混凝土块、沙子等杂物及凸起物。

2. 在预制墙体底部留20mm的空隙，采用高强垫片调整预制墙体的标高及接缝厚度。垫片应放置在墙体底部套筒连接区域中心位置。以结构50线为基准线，用水准仪校核垫片高度，保证垫片上表面在同一标高。

子项名称	编号
墙体构件安装施工（三）	5-004

照片/CAD 展示图	控制要点

图1　垂直插筋，间距符合设计要求

图2　预制墙体底部连接面平整

图3　保证构件顶标高在同一高度

图4　检测墙体垂直度和平整度

3. 墙体底部地面预留插筋插入墙体套筒后，安装支撑临时固定，用钢尺检查构件边线的位置，中心轴线允许偏差为10mm；用水准仪或尺量检查墙体顶面标高，允许偏差为±3mm；用检测尺检测墙体的垂直度，墙体高度小于5m时，垂直度允许偏差为5mm；墙体高度大于或等于5m且小于10m时，垂直度允许偏差为10mm；当墙体大于或等于10m时，垂直度允许偏差为20mm。检测并调整合格后，对墙体支撑进行最终固定。

4. 相邻两块墙体高度差及垂直度应满足设计及规范要求，采用靠尺检查相邻两墙的安装平整度，墙体侧面外露面平整度允许偏差为5mm，不外露面平整度允许偏差为8mm。

5.3 叠合梁、叠合板安装施工

子项名称	编号
叠合梁、叠合板安装施工	5-005

照片/CAD展示图	控制要点
 图 1 微调支撑的支设高度，使支撑横木梁顶面达到设计标高，并保持支撑顶部横木梁位置在同一平面内图 2 叠合板吊装吊索与水平线的夹角不宜小于 60°，避免构件产生折弯破坏图 3 叠合板安装要求平整	1. 构件安装前应对安装位置进行检查、复测。2. 以结构 50 线为基准，检查可调节支撑立杆高度，使支撑横木梁顶标高一致，且高度符合设计要求。3. 叠合梁、叠合板安装前，应对支撑横木顶标高和平整度进行复测，标高允许偏差 ±5mm。4. 吊装前，检查构件编号是否与图纸相符，吊装时吊索（吊链）与水平线的夹角不宜小于 60°，不应小于 45°。5. 叠合梁、叠合板吊装就位后，检查四边的搁置长度、钢筋锚固长度，应符合设计要求，搁置长度允许偏差为 ±10mm，接缝宽度为 ±5mm。6. 叠合梁、叠合板安装完毕后，微调支撑，校核叠合梁、板标高位置。

5.4 阳台板、空调板安装施工

子项名称	编号
阳台板、空调板安装施工	5-006

照片/CAD 展示图	控制要点
 图1 构件安装时测量标高及平整度， 并且保证预留钢筋与现浇段的搭接长度	1. 构件安装前设置可调节支撑立杆，支撑上横木梁要放置平稳，顶标高符合设计要求。标高允许偏差为±5mm。 2. 吊装时吊索与水平线的夹角不宜小于60°，不应小于45°。 3. 确保构件的安装位置准确和表面平整。根据标高控制线，复核构件的支座标高。 4. 安装构件时，预留锚固筋插入现浇段的搭接长度要符合设计及规范要求。 5. 构件安装完成后，对构件的轴线位置及标高进行复测，轴线位置允许偏差为5mm，标高允许偏差为±5mm。

5.5 预制楼梯安装施工

子项名称	编号
预制楼梯安装施工	5－007

照片/CAD 展示图	控制要点
 图 1 利用楼梯预埋吊点，平稳起吊  图 2 楼梯的安装标高、平整度、楼梯左右两侧的间距符合设计要求	1. 进行预制楼梯安装位置测量定位，并标记楼梯段上、下安装部位的水平位置与垂直位置的控制线。 2. 检查楼梯安装定位钢筋的规格型号和高度，需符合设计要求。 3. 保证楼梯梁基面无污染，并用专用垫片调整标高，铺设水泥砂浆找平。 4. 吊装时利用楼梯上的预埋吊点，保证楼梯水平吊装，避免就位时冲撞。 5. 安装就位后，复测楼梯的标高和平整度，允许偏差分别为 ±5mm 和 5mm。

5.6 灌浆及封锚施工

子项名称	编号
灌浆及封锚施工（一）	5－008

照片/CAD 展示图	控制要点
 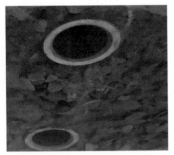 图1 灌浆前清理套筒杂物，确保灌浆套筒通畅整洁  图2 同时制作灌浆料试块  图3 灌浆料流动度试验	1. 灌浆前，检查灌浆套筒的灌浆孔、出浆孔是否贯通，清理孔内浮浆等杂物。检查套筒检验报告及工艺检验报告，应在现场模拟构件连接接头灌浆方式，钢筋应制作不少于3个套筒灌浆连接接头，进行灌注质量以及接头抗拉强度的检验及工艺检验，经检验合格后，方可进行灌浆作业。 2. 严格按照产品说明书的要求配置和使用灌浆料。灌浆料施工开始前，应测试灌浆料的流动度。灌浆时同步制作同条件养护灌浆料试块。 3. 灌浆器使用前须将内壁用水湿润，并且不得有可流动的水珠。

子项名称	编号
灌浆及封锚施工（二）	5－009

照片/CAD 展示图	控制要点

图1　安装基底湿润，无积水

图2　封堵墙体底部缝隙，
封堵料饱满密实

图3　灌浆套筒注浆达到
出浆孔溢浆

4. 墙体安装基底保持湿润。

5. 封堵墙体底部缝隙，保证接缝基础面清洁、无油污，用聚乙烯（PE）泡沫棒进行分仓，封堵时封堵料饱满、密实。

6. 在灌浆时，要保证出浆孔有浆液流出，确认孔道内灌浆料饱满、密实后才能进行孔的逐一封堵。

5.7 现浇部位施工

子项名称	编号
现浇部位施工	5－010

照片/CAD 展示图	控制要点
 　图1　支模前检查现浇部位钢筋绑扎情况　图2　检查相邻墙间的平整度和标高　 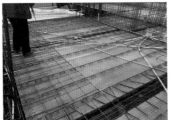　图3　叠合板钢筋绑扎检查合格　图4　叠合板后浇带（段）模板紧贴叠合板下表面	1. 检查现浇部位绑扎钢筋的规格、型号、数量、位置、搭接长度等，做好隐蔽检查记录。 2. 模板安装时，应进行测量放线，并应采取保证模板位置准确的定位措施。模板安装轴线位置偏差在5mm范围；水平构件的底模表面标高允许偏差±5mm；模板安装垂直度偏差不大于6mm，当模板高度大于5m时，垂直度偏差不大于8mm，相邻两板表面高低差不大于2mm，表面平整度偏差不大于5mm。 3. 模板应清理干净并涂刷脱模剂，脱模剂不得沾污钢筋和混凝土接茬处；模板的接缝不应漏浆，确保后浇带（段）与预制构件之间的接茬平整；在浇筑混凝土前，木模板应浇水湿润，但不得有积水。 4. 混凝土强度达到设计要求时方可拆除模板。 5. 混凝土施工时应检查原材料的复检报告及相关的质量证明。施工现场随机取样留置试件。 6. 施工质量符合相关混凝土质量验收规范要求。不得出现漏筋、蜂窝、孔洞、夹渣、酥松、裂缝等严重缺陷。 7. 保证后浇带与预制构件间的平整度。

5.8　密封防水施工

子项名称	编号
密封防水施工	5-011

照片/CAD展示图	控制要点

照片/CAD展示图：

水平缝　　　　　　垂直缝

1—外叶墙板；2—夹心保温层；3—建筑密封胶；4—发泡芯棒；5—岩棉

图1　预制承重夹外墙板接缝构造示意

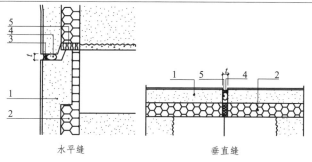

鱼骨胶条
PE泡沫棒
密封胶

图2　密封胶＋PE泡沫棒＋
鱼骨胶条封堵截面

图3　密封胶封堵实体效果

控制要点：

一、防水施工要求

预制外墙板的接缝及门窗洞口等防水薄弱部位宜采用材料防水和构造防水相结合的做法，并应符合下列规定：墙板水平接缝宜采用高低缝或企口缝构造；垂直缝可采用平口或槽口构造；当板缝空腔需设置导水管排水时，板缝内侧应增设气密条密封构造。伸出外墙的管道、预埋件等应在防水施工前安装完毕。

二、质量检查

1. 密封防水施工前，墙板缝空腔应保持干净、干燥。

填充材料、防水材料的产品合格证、质量证明文件及复试报告齐全。

2. 施工过程中全数检查防水构造做法，符合设计要求。

检查拼缝处密封材料嵌填饱满密实、连接均匀、无气泡，宽度和深度符合要求，胶缝应均匀顺直、深浅一致、宽窄均匀、饱满密实，表面光滑连续。

3. 密封防水施工完后应在外墙面做淋水、喷水试验，观察墙体有无渗漏。

5.9 建议性做法

子项名称	编号
疏水建议性做法	5－012

照片/CAD 展示图	控制要点
 图 1　垂直缝导水管示意 图 2　导水管实体效果	1. 板块吊装完成后先打胶再进行涂料施工。 2. 为确保施工质量，应使用配套的密封胶底涂液和界面剂。 3. 外墙接缝采用明缝，涂料施工时胶面不刮腻子。 4. 胶面修饰成凹形。 5. 垂直缝位置按规定设置导水管。预制外墙板十字缝部位每隔2~3层设置导水管作引水处理，板缝内侧应增设气密封构造，当垂直缝下方因门窗等开口部位被隔断时，应在开口部位上部垂直缝处设置导水管。

5.10 装配式施工安装新方法

子项名称	编号
装配式施工安装新方法	5-013

照片/CAD 展示图	控制要点

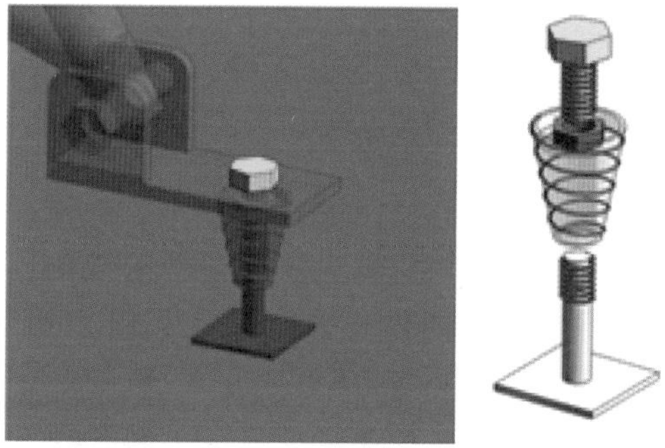

照片/CAD 展示图:

图1 零部件示意

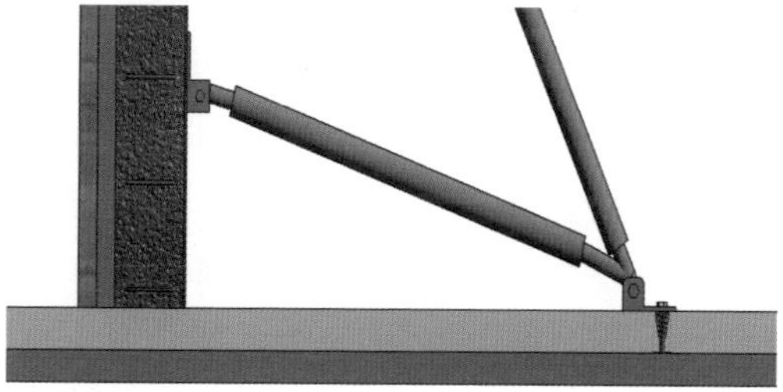

图2 施工使用示意

控制要点:

一、名称

装配式结构预制外墙斜支撑固定方法。

二、使用范围

本方法适用于装配式结构预制外墙斜支撑在楼板上固定及施工。

三、说明

安装预制外墙时,为了保证墙体在临时固定时的稳定性和垂直度,现场采用了临时支撑装置,利用此装置可以有效地对墙体进行固定,并且拆卸方便。

5.11 装配式施工室内净高测量新方法

子项名称	编号
装配式施工室内净高测量新方法	5-014

照片/CAD 展示图	控制要点
 1—导向套筒；2—支撑腿；3—矩形通孔；4—透明管； 5—活动卡环；6—支撑平台；7—测距仪；8—墙体 图1 室内净高测量方法	**一、名称** 室内净高测量方法。 **二、使用范围** 本方法采用一种辅助性工具进行室内净高测量，适用于各种户型室内净高的检测。 **三、说明** 室内净高测量辅助支架包括导向套筒，导向套筒的下端外壁与支撑腿相连接，导向套筒的内壁沿竖直方向设置有透明管。透明管的一端从导向套筒的上端伸出，另一端从导向套筒的下端伸出，透明管的两端在同一个水平面，构成U形连通管，透明管内设置有溶液。导向套筒的外壁设置有活动卡环，活动卡环上设置有支撑平台，支撑平台的上表面与卡环上端面在同一个平面，支撑平台上设置有测距仪。本实用新型室内净高测量辅助支架，结构简单，操作方便，可提高测量精度和测量效率。

110

第6章 砌体工程

6.1 砌筑测量放线

子项名称	编号
砌筑测量放线	6-001

照片/CAD 展示图	控制要点
 	1. 组织放线前必须审核施工图，确保定位准确无误，根据定位轴线并结合现场主体结构实际情况弹出墙体定位线及双控线。 2. 按图纸要求对需要做反坎的部位在楼面弹墨线并标识清楚。 3. 对所弹控制线及门洞口位置、尺寸进行反复核对。 4. 放线尺寸允许偏差见下表。

长度 L 或宽度 B/m	允许偏差/mm	长度 L 或宽度 B/m	允许偏差/mm
L（或 B）≤30	±5	60＜L（或 B）≤90	±15
30＜L（或 B）≤60	±10	L（或 B）＞90	±20

6.2 厨房、卫生间防水反沿施工

子项名称	编号
厨房、卫生间防水反沿施工	6-002

照片/CAD 展示图	控制要点
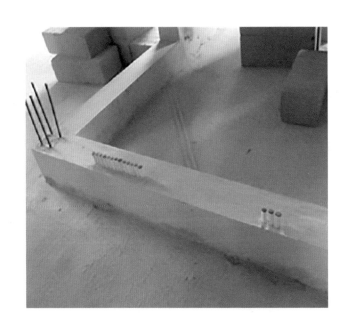	1. 支模前反坎底部凿毛、放线、打孔，插定位钢筋。 2. 模板位置、尺寸要准确。 3. 楼板面洒水润湿，浇混凝土，抹面压光，养护。 4. 拆模，注意成品保护。

6.3 砌体顶部斜砌砖中应用三角形预制混凝土块

子项名称	编号
砌体顶部斜砌砖中应用三角形预制混凝土块	6-003

照片/CAD 展示图	控制要点
	1. 预制混凝土直角三角形砖。 2. 填充墙与梁之间的空隙在填充墙砌筑 14d 后进行，采用实心砖斜砌并与梁顶紧，中间安设预制三角砖。

6.4 构造柱施工

子项名称	编号
构造柱"马牙槎"留置	6－004

照片/CAD 展示图	控制要点
	1. 构造柱"马牙槎"应先退后进，退进尺寸按60mm留设，位置应准确，端部须吊线砌筑。 2. 马牙槎内预留拉结钢筋，每隔500mm或两皮加气块间设2Φ6.5mm拉结钢筋，伸入墙内长度不应小于墙长的1/5，且不应小于700mm，抗震设防烈度为6度时不应小于1000mm，抗震设防烈度为7度时应通长设置。 3. 先砌筑样板再对工人进行交底。

子项名称	编号
构造柱支模	6－005

照片/CAD 展示图	控制要点
	1. 马牙槎侧边使用双面胶粘贴后支设模板，可防止浇混凝土时漏浆。 2. 配模方式、加固措施以及浇筑振捣方法均要依照方案要求进行。 3. 转角处构造柱配模要注意阳角顺直、拼缝严密、加固可靠。 4. 柱顶设置喇叭口，作为混凝土进料口。

子项名称	编号
构造柱浇混凝土	6－006

照片/CAD 展示图	控制要点
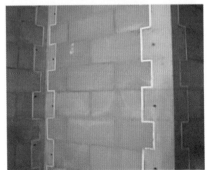	1. 浇筑前要对马牙搓及模板浇水湿润，从顶部喇叭口进料，浇筑时要注意振捣密实。 2. 要灌满喇叭口，模板拆除后及时凿去多余混凝土。 3. 脱模效果好，阴、阳角方正顺直，与墙面平齐无胀模、漏浆、蜂窝等现象。 4. 脱模后喷水或刷养护液养护。

6.5　连锁砌块墙体先配管后砌墙施工

子项名称	编号
连锁砌块墙体先配管后砌墙施工	6－007
照片/CAD 展示图	控制要点

1. 砌体施工前，先进行配管定位，再进行配管作业；要求管线离墙边线距离不小于 40mm，配电盒凸出墙边线不大于 3mm，配管要避开芯柱、洞口等部位。

2. 配管完成后，进行砌体砌筑，配电盒位置砌块要用切割机切割，位置要准确。

3. 砌筑与安装作业班组要配合默契，避免出现墙体放线后无人配管或机电专业配管完成后墙体砌筑时破坏配管的现象。

6.6 混凝土预制块应用

子项名称	编号
穿墙套管采用混凝土预制块	6－008

照片/CAD 展示图	控制要点
	1. 利用 BIM 技术进行综合管线排布,对管道穿墙位置、标高进行精确定位。 2. 根据穿墙管道规格选择套管规格,套管长度根据二次结构墙体装饰面层厚度确定。 3. 穿墙套管预制块制作完成后交土建专业工程师进行二次结构墙体排板。 4. 安装预制套管时需根据综合排布图纸标高、位置进行精确复核。

子项名称	编号
门、窗洞口两侧设置混凝土预制块	6-009

照片/CAD 展示图	控制要点
	1. 预制块或实心砖的宽度同墙厚,长度不小于100mm,高度应与砌块同高或为砌块高度的1/2且不小于100mm。 2. 最上部(或最下部)的混凝土块中心距洞口上下边的距离为150~200mm,其余部位对称分布且与门窗连接件位置对应,中心距不大于600mm。

6.7 二次结构小墙垛、门过梁一次结构施工完成

子项名称	编号
二次结构小墙垛、门过梁一次结构施工完成	6-010

照片/CAD 展示图	控制要点
	1. 在一次结构梁、墙设计尺寸的基础上加上二次结构混凝土墙垛、门头过梁尺寸得出的混凝土浇筑尺寸需仔细复核，确保配筋准确、尺寸正确。下挂梁入墙长度满足规范或图纸要求。 2. 以上优化需得到业主、设计的认可，并以蓝图或设计变更的形式下发。 3. 对钢筋班组、木工班组、混凝土班组认真交底，确保负责此项施工的每一个工人熟悉变更内容。 4. 施工过程中，需加强过程检查，仔细复核优化内容，避免出错、遗漏。

6.8 窗台混凝土压顶伸入砌体与坡度设置做法

子项名称	编号
窗台混凝土压顶伸入砌体与坡度设置做法	6－011

照片/CAD 展示图	控制要点
	1. 宽同墙厚，高度≥120mm（或参照图纸要求），伸入相邻墙体长度满足规范或图纸要求（一边不小于 250mm），不同材料间增设加强网。 2. 窗间墙待压顶浇筑完成后砌筑，严禁工序倒置出现瞎缝、通缝现象。 3. 外墙窗台做向外的流水斜坡，坡度不小于 10% 且高差不小于 40～60mm，模板支设时注意内外两侧模板高度。

6.9 砌体墙临时施工洞口留设做法

子项名称	编号
砌体墙临时施工洞口留设做法	6-012

照片/CAD 展示图	控制要点
	1. 侧边离交接处墙面不应小于 500mm。 2. 洞口净宽度不应大于 1m，高度不超过 1.5m。 3. 过梁搁置长度每侧不小于 250mm（距凹槎部位）。 4. 拉结筋同步预留，高度方向上不超过 500mm（2 皮砖）。

6.10 拉墙筋设置

子项名称	编号
拉墙筋设置	6-013

照片/CAD 展示图	控制要点
  500~1000 拉结筋锚固长度和弯钩长度按照相关规定执行 	1. 植入钢筋的位置、间距、长度、规格以及加工形状均应符合规范要求。 2. 钻孔深度不小于 60mm 并符合设计及规范要求，植筋前先用吹筒吹净孔内粉尘。 3. 注满植筋胶，植入钢筋，确保钢筋植入深度，在植筋胶凝固前禁止晃动钢筋。 4. 组织质检部门做拉拔实验，检验合格后进行下一步施工。

6.11 构造柱钢筋设置

子项名称	编号
构造柱钢筋设置	6-014

照片/CAD 展示图	控制要点
	1. 纵向钢筋不应小于4Φ12mm 并符合设计要求，注意预埋钢筋或植筋长度，搭接长度必须满足设计要求，优先采用钢筋预埋后期焊接的方法。 2. 箍筋按设计要求配置，搭接区域按要求进行加密。 3. 为确保填充墙的整体稳定，如果设计图未注明，一般在6度设防地区施工的工程中，墙长大于4m 就需要加构造柱，墙高超过4m 设圈梁，构造柱和圈梁的钢筋必须和框架结构相连。 4. 规范中其他需要设置构造柱的部位有楼电梯间的四角、楼梯段上下端对应的墙体处、外墙四角和对应转角、错层部位横墙与外纵墙交接处、大房间内外墙交接处、较大洞口两侧等。

第7章 防水工程

7.1 说 明

子项名称	编号
说　明	7－001

照片/CAD 展示图	控制要点
	1. 防水工程包括屋面防水、卫生间等有水房间防水、地下室防水以及外墙防水、外窗防水五部分。 2. 防水工程应由具备相应资质的专业队伍进行施工，作业人员应经过专门培训，考核合格后持证上岗。 3. 防水工程应编制专项施工方案或技术措施，现场进行技术、安全交底。 4. 所用的防水、密封材料须有产品合格证和性能检测报告，材料的品种、规格、性能等必须符合国家现行产品标准和设计（规范）要求。 5. 注意中间工序及完成后检查验收和防水排水效果检查并填写相应记录。

7.2 屋面防水

子项名称	编号
找平（坡）层	7-002

照片/CAD 展示图	控制要点
	1. 严格按设计要求确定施工找坡层的坡向（单坡、两坡、四坡等）。 2. 控制屋面（按设计要求）、排水天沟（不小于1%）、檐沟（不小于1%）、雨水口附近（不小于5%）的找坡层坡度。 3. 为保证坡度、坡向正确，应先打点、拉线找坡，后铺料施工。保证找坡层最小厚度不低于20mm。 4. 施工完成后，及时组织找坡层、找平层坡度、平整度的验收。 注：找（平）坡层是控制屋面（局部）排水坡度的关键性基础工作。

子项名称	编号
找平（坡）层透气管、分格缝	7－003

照片/CAD 展示图	控制要点

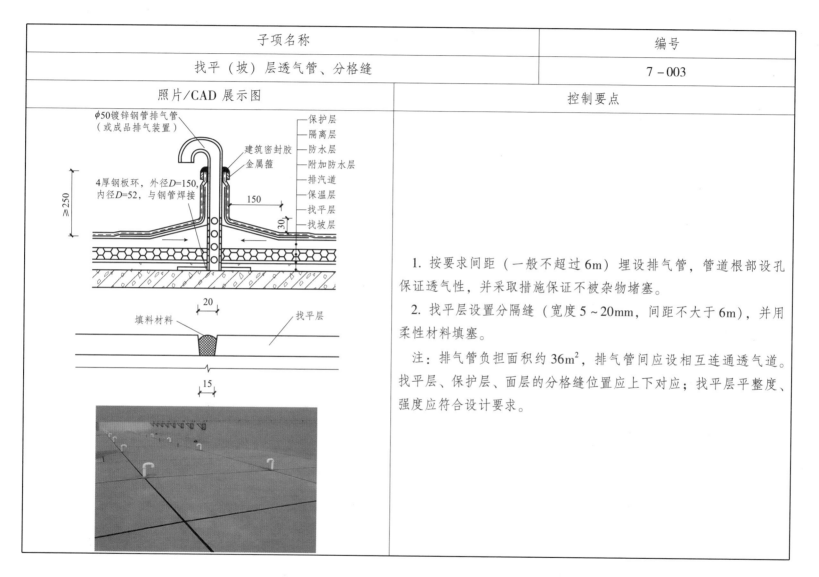

1. 按要求间距（一般不超过 6m）埋设排气管，管道根部设孔保证透气性，并采取措施保证不被杂物堵塞。

2. 找平层设置分隔缝（宽度 5～20mm，间距不大于 6m），并用柔性材料填塞。

注：排气管负担面积约 36m²，排气管间应设相互连通透气道。找平层、保护层、面层的分格缝位置应上下对应；找平层平整度、强度应符合设计要求。

子项名称	编号
找平层转角处做法及防水施工准备工作	7-004

照片/CAD 展示图	控制要点
 施工样板：屋面防水 	1. 找平层转角处需做成圆弧状，且整齐平顺，沥青防水卷材转角处圆弧半径 100～150mm，高聚物改性沥青防水卷材为 50mm，合成高分子防水卷材为 20mm。 2. 清理找平层，表面无杂物、无积灰。 3. 严格控制保温层及找坡层内的含水率，防水层施工前，应检查基层干燥程度（含水率不超过 9%）。可采用简易方法进行检验，即将 $1m^2$ 卷材平铺在找平层上，中午时间，静置 3～4h 后掀开检查，找平层覆盖部位与卷材表面未见水印，方可铺设防水层。

子项名称	编号
卷材防水层	7-005

照片/CAD 展示图	控制要点

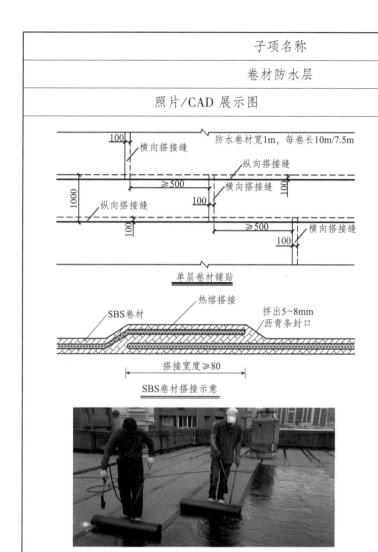

单层卷材铺贴

SBS卷材搭接示意

控制要点：

1. 屋面卷材防水铺贴顺序应正确，保证由低向高铺贴。

2. 卷材搭接宽度，当高聚物改性沥青防水卷材采用胶粘剂粘接时，长边、短边搭接长度为100mm；采用自粘法时，长边、短边搭接长度为80mm，其他材质参见相关屋面工程技术规范、屋面工程质量验收规范相应要求。平行于屋脊的搭接缝顺流水方向搭接，垂直于屋脊的搭接缝顺主导风向搭接。

3. 采用搭接法铺贴卷材时，上下层及相邻两幅卷材的搭接缝应错开，上下层接缝至少错开1/3卷材幅宽；同一层相邻卷材短边接缝至少错开500mm。

4. 采用冷粘法法、自粘法铺贴卷材时，接缝口应用密封材料封严或热熔封严。

5. 铺贴卷材应及时压实，建议采用铁辊碾压，保证受压均匀、粘接牢固。

注：卷材及辅材材质应满足设计（规范）要求，应采用配套胶粘剂，保证粘接效果。

子项名称	编号
卷材防水附加层（一）	7－006

照片/CAD 展示图	控制要点
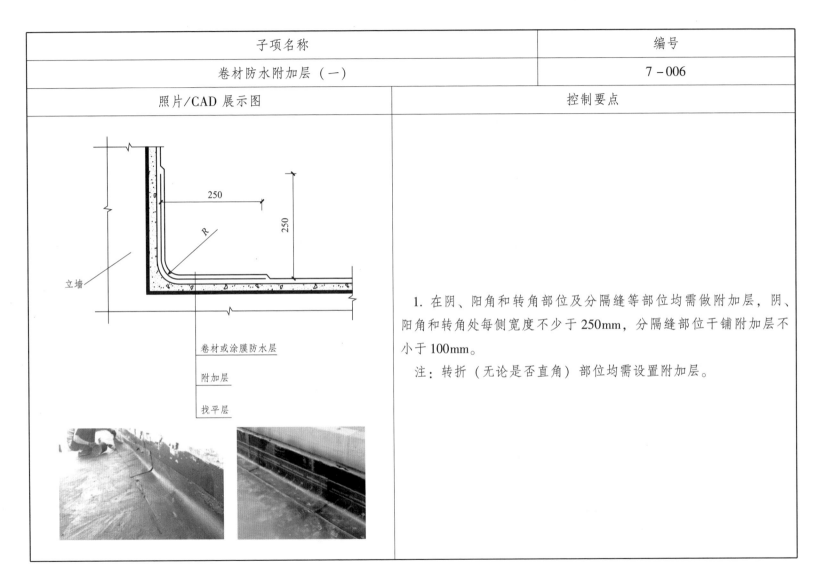	1. 在阴、阳角和转角部位及分隔缝等部位均需做附加层，阴、阳角和转角处每侧宽度不少于250mm，分隔缝部位干铺附加层不小于100mm。 注：转折（无论是否直角）部位均需设置附加层。

子项名称	编号
卷材防水附加层（二）	7-007

照片/CAD 展示图	控制要点
	2. 落水口、天沟、檐沟、檐口、伸出屋面管道周边也需要设置附加层。其中，落水口周围直径不小于 500mm。 注：附加层材料及最小厚度应符合相关屋面工程技术规范要求，宽度每侧不少于 250mm。

子项名称	编号
泛水（一）	7－008

照片/CAD 展示图	控制要点
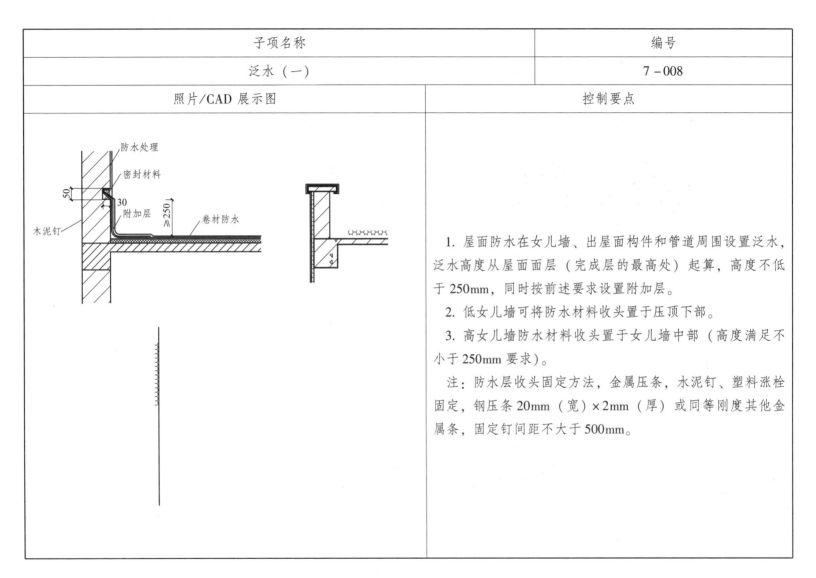	1. 屋面防水在女儿墙、出屋面构件和管道周围设置泛水，泛水高度从屋面面层（完成层的最高处）起算，高度不低于 250mm，同时按前述要求设置附加层。 2. 低女儿墙可将防水材料收头置于压顶下部。 3. 高女儿墙防水材料收头置于女儿墙中部（高度满足不小于 250mm 要求）。 注：防水层收头固定方法，金属压条，水泥钉、塑料涨栓固定，钢压条 20mm（宽）×2mm（厚）或同等刚度其他金属条，固定钉间距不大于 500mm。

子项名称	编号
泛水（二）	7－009

照片/CAD 展示图	控制要点
	4. 高女儿墙卷材收头固定处理可采取以下方法。 （1）女儿墙预留凹槽，卷材压入凹槽，压条固定、密封胶封口。 a. 钢筋混凝土（砌体）女儿墙，预留60mm×60mm凹槽。 b. 防水层端部压入凹槽。

子项名称	编号
泛水（三）	7 - 010

照片/CAD 展示图	控制要点
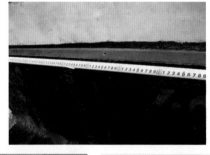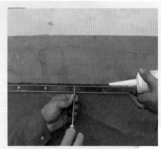	c. 金属压条，水泥钉、塑料涨栓固定，钢压条 20mm（宽）× 2mm（厚）或同等刚度其他金属条，固定钉间距不大于 500mm。 d. 建筑密封胶嵌缝。

子项名称	编号
泛水（四）	7-011

照片/CAD 展示图	控制要点
	（2）女儿墙做挑台，防水层收头置于挑台下，压条固定、密封胶封口。 （3）女儿墙不做凹槽或挑台，防水层收头压条固定、密封胶封口，外部金属披 水（不锈钢、铝板、镀锌铁皮）遮盖。 注：不得无固定、无密封措施而将防水层直接覆盖在女儿墙顶（侧）部。

子项名称	编号
檐口	7-012

照片/CAD 展示图	控制要点
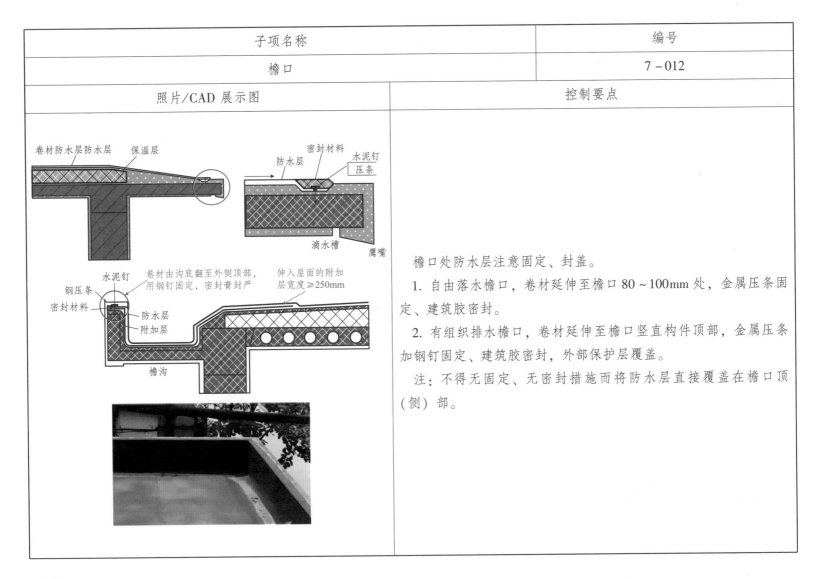	檐口处防水层注意固定、封盖。 1. 自由落水檐口，卷材延伸至檐口 80~100mm 处，金属压条固定、建筑胶密封。 2. 有组织排水檐口，卷材延伸至檐口竖直构件顶部，金属压条加钢钉固定、建筑胶密封，外部保护层覆盖。 注：不得无固定、无密封措施而将防水层直接覆盖在檐口顶（侧）部。

子项名称	编号
管道出屋面处	7-013

照片/CAD 展示图	控制要点
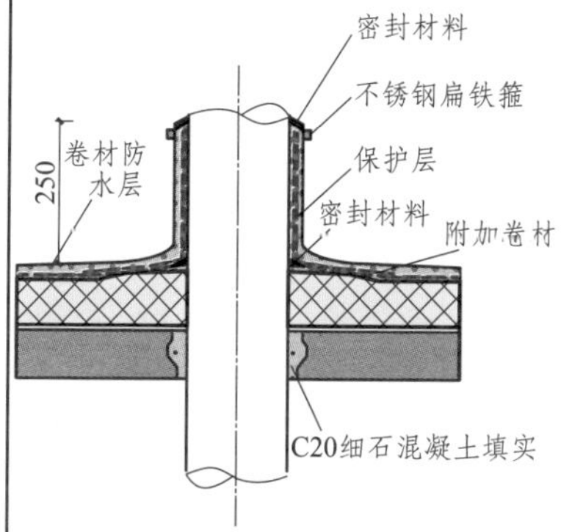   	1. 管道根部防水翻起高度应符合设计标准（自装饰面层起计算不低于 250mm）。 2. 管道根部直径 500mm 范围内，找平层应抹出高度不小于 30mm 的圆台。 3. 管道周围与找平层或细石混凝土找坡层间预留 20mm×20mm 的凹槽，并用密封材料嵌填严密。 4. 管道根部四周应增设附加层，宽度和高度均不应小于 250mm；卷材防水收头应用金属箍紧固，并用密封材料封严。 注：如采用套管，注意套管与管道间的防水密封。

图中标注：
密封材料
不锈钢扁铁箍
保护层
250
卷材防水层
密封材料
附加卷材
C20细石混凝土填实

子项名称	编号
雨水口防水（一）	7-014

照片/CAD 展示图	控制要点

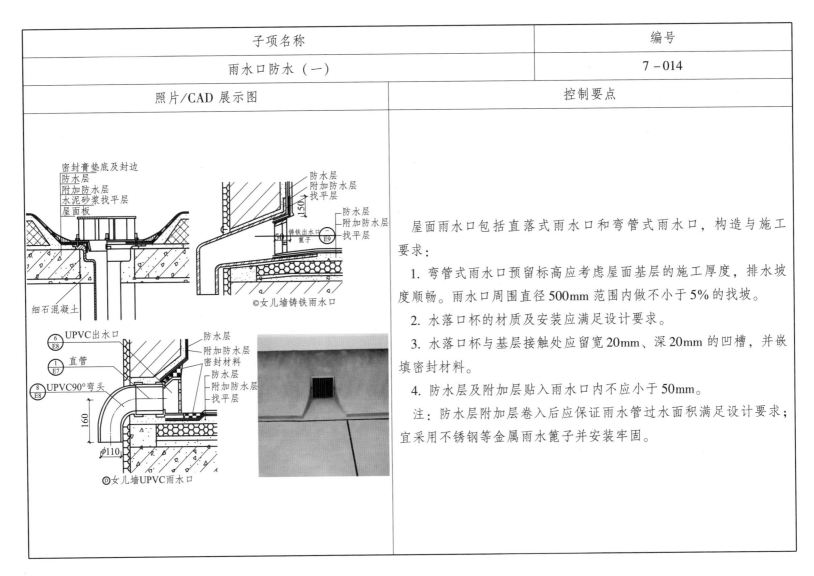

屋面雨水口包括直落式雨水口和弯管式雨水口，构造与施工要求：

1. 弯管式雨水口预留标高应考虑屋面基层的施工厚度，排水坡度顺畅。雨水口周围直径500mm范围内做不小于5%的找坡。

2. 水落口杯的材质及安装应满足设计要求。

3. 水落口杯与基层接触处应留宽20mm、深20mm的凹槽，并嵌填密封材料。

4. 防水层及附加层贴入雨水口内不应小于50mm。

注：防水层附加层卷入后应保证雨水管过水面积满足设计要求；宜采用不锈钢等金属雨水篦子并安装牢固。

子项名称	编号
雨水口防水（二）	7-015

照片/CAD 展示图	控制要点
	a. 雨水口首层附加卷材。 b. 雨水口二层附加卷材。 c. 附加卷材和防水卷材卷入雨水口。

子项名称	编号
变形缝防水（一）	7－016

照片/CAD 展示图	控制要点
	一、平屋面变形缝 1. 变形缝两侧混凝土上返沿（或砌筑矮墙）高度应满足泛水高度不小于 250m 要求。 2. 转折处防水增设附加层，宽度每侧不少于 250mm。 3. 变形缝处卷材应留有变形余量，下部附加卷材设置 PVC 塑料管或聚乙烯泡沫塑料棒。 4. 金属盖板应预留变形余量，尺寸大于或等于变形缝宽×2；预制钢筋混凝土盖板下部应与基层有隔离措施。 5. 金属盖板（钢筋混凝土盖板）横向应有向外的坡度，金属盖板纵向接缝应焊接（锡焊）或拉铆钉连接、密封胶密封。 **二、高低屋面变形缝** 1. 低屋面混凝土上返沿（或砌筑矮墙）、防水附加层要求同平屋面变形缝。 2. 卷材在高屋面墙上固顶、密封方法参照泛水相关做法。 注：变形缝做法在屋顶、女儿墙等处应连续，女儿墙顶水平盖板覆盖竖向墙体盖板，建议使用成品变形缝盖板。

子项名称	编号
变形缝防水（二）	7-017

照片/CAD 展示图	控制要点
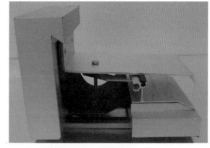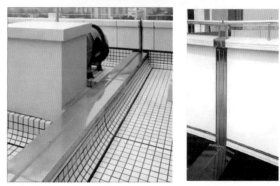	a. 高低屋面成品变形缝盖板。 b. 平屋面变形缝不锈钢盖板。 c. 女儿墙变形缝与屋面变形缝交接处理。

子项名称	编号
涂膜防水	7－018

照片/CAD 展示图	控制要点
	1. 涂膜防水层与基层应黏结牢固，表面平整，涂刷均匀，无流淌、皱折、鼓泡、露胎体和翘边等缺陷。 2. 屋面基层的干燥程度应视所用的涂料特性确定。当采用溶剂型涂料时，屋面基层应干燥。 3. 涂膜防水层应根据涂料的品种分层分遍涂布，不得一次涂成。应待先涂的涂层干燥成膜后，方可涂后一遍涂料，直至达到设计要求厚度。 4. 天沟、檐沟、檐口、变形缝、泛水、穿透防水基层的管道或突出屋面构件连接处等，均应加铺有胎体增强材料的附加层。水落口周围与屋面交接处，应做密封处理，并加铺两层有胎体增强材料的附加层。涂膜伸入水落口的深度不得小于50mm。 天沟、檐沟、檐口、水落口、泛水、变形缝和伸出屋面管道等处的涂膜收头应用防水涂料多遍涂刷或用密封材料封严，且封口。 注：注意胎体的铺贴方向和顺序、搭接要求；严格控制屋面单位面积上所需的涂料用量，保障防水涂层厚度。

子项名称	编号
屋面保护层（一）	7-019

照片/CAD 展示图	控制要点
	**一、细石混凝土保护层** 1. 屋面混凝土保护层按要求找平，设置灰饼，坡度应符合设计要求（材料找坡屋面的坡度宜为 2%～3%），不得有渗漏、积水现象。 2. 保护层应设置 6m×6m 分格，每格不大于 36m² ，分格缝宽度为 10～20mm，分格缝内用油膏嵌缝密实；屋面与女儿墙交接处预留 30mm 缝隙（刚性保护层时），并用密封材料嵌填严密，交接处做成小圆角增加美观。 3. 按设计要求放置 Φ4mm 间距 100～200mm 的双向钢筋网片，网片宜放置于面层中上部；抗裂网片应覆盖严密，但在分隔缝等位置，抗裂网片应断开。 参考做法：为保证分格缝的顺直、规则，可用砂浆将裁切的瓷砖沿控制线镶贴在基层上，顶部高度与屋面完成面层标高一致，中间留出分格缝宽度；在砂浆达到一定强度，进行屋面细石混凝土保护层浇筑。

子项名称	编号
屋面保护层（二）	7-020

照片/CAD 展示图	控制要点
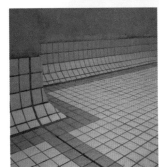	**二、面砖保护层** 1. 屋面面砖面层应设分格缝，分格缝间距、宽度应满足设计、规范要求，分格面积不超过 $100m^2$。 2. 分割缝内用柔性密封材料嵌填密实。 3. 面层铺设应平整，找坡屋面的坡度应符合设计要求。 4. 屋面砖应根据分格缝的设置整砖粘贴，整齐划一，面砖勾缝应饱满、光滑顺直。 5. 屋面分格缝应向女儿墙延伸，保持一致。女儿墙下部面砖粘贴应根据防水保护层弧度贴成圆弧面。 6. 排水口四周采用面砖粘贴成圆形，应分块均匀、美观；屋面砖与雨水管衔接处采用防水密封膏封闭严密。

子项名称	编号
女儿墙、通风道、设备基础根部装饰	7-021

照片/CAD 展示图	控制要点
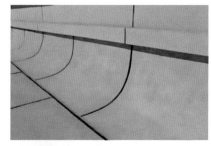	屋面与女儿墙、通风道、设备基础交接处粘贴圆弧状玻璃纤维增强水泥（GRC）装饰件或聚苯乙烯泡沫塑料装饰件，同时与屋面保护层分格配套。 1. GRC 工序：基层清理→弹控制线→铺抹结合层砂浆→铺 GRC 制品→勾缝→养护。 2. GRC 制品铺设前，基层应清理干净，铺贴分缝应宽窄一致，铺贴完成后及时养护。 3. 可涂刷涂料（彩色）以提高美观效果。

子项名称	编号
出屋面管道根部装饰造型	7－022

照片/CAD 展示图	控制要点
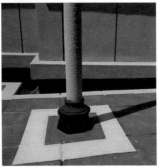	出屋面管道根部做造型处理，既可保护卷材，同时也可增加美观度。 参考做法： 1. 管道外设置金属套管，混凝土填缝密实。 2. 铺贴 GRC、聚苯材料造型材料。

146

子项名称	编号
变形缝、管道、桥架保护	7－023

照片/CAD 展示图	控制要点
	为方便屋面通行，避免踩踏变形缝、管道、桥架等： 1. 设置钢梯跨越突出屋面的变形缝。 2. 设置钢梯跨越突出屋面的管道、桥架。 注：钢（不锈钢）梯应满足室外楼梯的安全性要求。

子项名称	编号
雨水簸箕、上人梯	7－024

照片/CAD 展示图	控制要点
 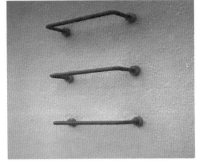	1. 屋面雨水管下部应按要求设置抗冲击层（雨水簸箕）。 （1）可用混凝土、花岗岩大理石制作，也可采用 PVC 成品。 （2）两水簸箕尺寸应符合设计（图集）要求。 2. 屋面上人梯。 （1）上人屋面通往机房等处上人梯，第一步距屋面高度不应小于 200mm。 （2）钢爬梯距墙净距大于或等于 140mm。 （3）钢爬梯连接件与墙体预埋件焊接必须牢固。 （4）钢爬梯穿过保温层处注意防水密封。

子项名称	编号
蓄水、淋水试验	7-025

照片/CAD 展示图	控制要点
坡屋顶淋水试验	屋面防水工程完成后，应按要求进行蓄水（淋水）试验，或雨后观察，以检验防水效果。 1. 淋水试验需持续淋水 2h 以上或在雨后进行。 2. 蓄水试验时，蓄水深度（最浅处）30~100mm，需持续 24h 以上。 3. 检验屋面有无渗漏和积水、排水系统是否通畅。 注：蓄水（淋水）试验或雨后观察记录应填写正确、准确、真实。

7.3 卫生间（有水房间）防水

子项名称	编号
竖向管道周边密封处理	7－026

照片/CAD 展示图	控制要点
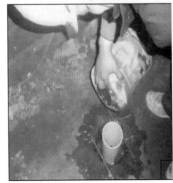	1. 采用预留孔洞安装管道时，孔洞封堵应采用托盘式支模方法，推荐使用堵洞卡（专用堵洞模板）。 2. 安装模板前用钢刷把孔洞周围侧壁上的浮浆、浮灰等杂物刷干净，内壁应凿毛。 3. 在混凝土浇筑前对浇筑部位浇水湿润，刷素水泥浆。 4. 应采用灌浆料或微膨胀细石混凝土灌注，待终凝后进行浇水试验，无渗漏后方可进行下道工序施工。 5. 套管出地面高度不应小于50mm，穿过楼板的套管与管道之间缝隙应用阻燃密实材料和防水油膏填实，端面光滑。 注：禁止采用吊模，不得使用挤塑板等刚度不足的材料支模。

子项名称	编号
楼板蓄水试验、基层处理	7-027

照片/CAD 展示图	控制要点
	1. 为减少卫生间渗漏隐患，可在防水工程施工前进行混凝土结构楼板蓄水试验。 首先封闭预留洞口，砌筑挡水坎，蓄水后持续观察24h，发现渗漏，及时进行封闭修复，直至无渗漏发生。 2. 清理基层，水泥砂浆修补基层表面破损凹陷。 3. 卫生间地面阴角及管口部位应处理成半径为50mm的圆弧状。 4. 转角处、管道周围应增加附加防水层，转角处竖向高度不小于250mm，管道周围高度不小于20mm；对设计有要求在附加层粘贴玻纤布的，粘贴范围为管道周围300mm及阴、阳角每边250mm，玻纤布搭接不少于100mm。 5. 防水工程施工前基层坡度（坡向地漏、不小于1%）、含水率等应符合相应要求。

子项名称	编号
门口挡水台、淋浴区防水高度	7－028

照片/CAD 展示图	控制要点
	1. 卫生间（有水房间）门口处应做细石混凝土或砂浆挡台，挡台应高于地漏高度，并应预留面层厚度，防水层做至挡台上沿。卫生间采用地采暖时，门口挡台应预留出埋采暖管的凹槽，凹槽部位应做好防水密封。 2. 淋浴区墙面应设置防水层，防水高度不低于2000mm。淋浴区范围应为能溅到水范围每侧向外延伸250mm。 注：除淋浴区外，小便槽、浴盆等处墙面也需要设置防水层。

子项名称	编号
水平防水层向墙面、门口延伸	7-029

照片/CAD 展示图	控制要点
	1. 有水房间地面防水应向门口外延伸，伸出门外宽度不低于500mm。 2. 地面防水层向墙面延伸，高度不低于250mm。 3. 卫生间填充墙（隔墙板）下部设置150～200mm高混凝土防水坎台。 参考做法：卫生间通风道、烟道根部等部位设置混凝土防水坎台。 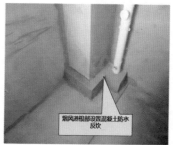

子项名称	编号
防水涂料	7 – 030

照片/CAD 展示图	控制要点
	1. 防水涂料应涂刷均匀，控制每层涂刷厚度（涂刷量以 0.8～1.0kg/m² 为宜），注意涂刷顺序。两层次涂刷间隔 24h 以上（手摸不沾），两层次涂刷方向互相垂直。 2. 涂料涂刷厚度满足设计要求。 3. 防水涂膜收口整齐美观，与墙面粘贴牢固、无开口。

子项名称	编号
闭水试验	7－031

照片/CAD 展示图	控制要点
	1. 防水施工完成后，封住地漏等部位，蓄水 24h，最浅处水深不宜小于 20mm，24h 后观察楼下及周边墙体根部有无渗漏并做好记录。 2. 若有渗漏，需停止蓄水，进行修补完善处理；无渗漏，方可进行下道工序施工。

7.4 地下工程防水

子项名称	编号
防水混凝土施工	7－032

照片/CAD 展示图	控制要点
	1. 防水混凝土应保证和易性、水灰比等指标。发生离析现象应二次搅拌，当塌落度受损时，严禁加水稀释，可加入原水灰比的水泥浆或相同减水剂进行搅拌。 2. 应加强降水、排水工作，保持基坑干燥，要保持地下水位在施工底面最低标高以下不小于300mm。 3. 严禁在防水混凝土浇筑时带水操作，防止泥水、杂物浸入混凝土造成渗漏水。 4. 迎水面防水混凝土的钢筋保护层厚度不得小于50mm，底板钢筋均不得接触混凝土垫层，严禁用钢筋充当保护层垫块，钢筋绑扎丝头不得侵入保护层。 5. 所有预埋件必须在混凝土浇筑前预埋。贯穿墙体的预埋件必须采取防水措施，如加设止水环或遇水膨胀止水条。 6. 注意防水混凝土的浇筑顺序和方向，严格控制相邻混凝土之间浇筑间隔时间，对竖向混凝土结构必须在下层混凝土初凝之前浇筑上层混凝土，分层厚度不得大于500mm。 7. 加强混凝土的振捣，必须采用机械振捣，并严格掌握振捣时间和插点间距。 8. 泵送预拌混凝土，宜采用混凝土二次振捣技术。 注：应加强混凝土养护，拆模后尽快进行下道工序施工。

子项名称	编号
防水混凝土施工缝、止水带	7-033

照片/CAD 展示图	控制要点

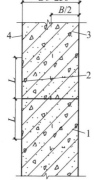

施工缝防水构造(一)

钢板止水带L≥150;橡胶止水带L≥200;钢边橡胶止水带L≥120;
1—先浇混凝土;2—中埋止水带;3—后浇混凝土;4—结构迎水面

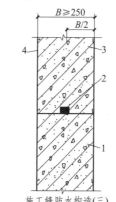

施工缝防水构造(二)

外贴止水带L≥150;外涂防水涂料L=200;外抹防水砂浆L=200;
1—先浇混凝土;2—外贴止水带;3—后浇混凝土;4—结构迎水面

施工缝防水构造(三)

1—先浇混凝土;2—遇水膨胀止水条(胶);
3—后浇混凝土;4—结构迎水面

控制要点：

1. 墙体水平施工缝不应留在剪力与弯矩最大处或底板与侧墙的交接处，应留在高出底板表面不小于300mm的墙体上。板与墙结合的水平施工缝留在板墙接缝以下150～300mm处。

2. 垂直施工缝注意避开地下水、裂隙水较多处。

3. 施工缝可用中埋式止水带、外贴止水带、遇水膨胀止水条、预埋注浆管注浆等方式处理。

4. 水平施工缝混凝土浇筑前，应清除表面浮浆、杂物，界面处理可铺设净浆或涂刷界面处理剂、水泥基渗透结晶防水涂料，再铺30～50mm厚1:1水泥砂浆。

5. 垂直施工缝混凝土浇筑前，应清除表面浮浆、杂物，界面处理可涂刷界面处理剂、水泥基渗透结晶防水涂料。

注：止水条安装完成后，应及时浇筑混凝土。

子项名称	编号
施工缝止水带设置	7-034

照片/CAD展示图	控制要点
   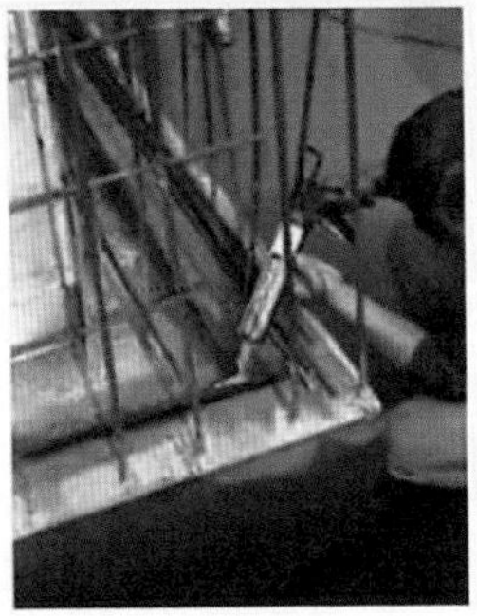	1. 中埋式止水钢板应置于混凝土构件中部，钢板弯折方向面向迎水面。 2. 推荐使用快易收口网做施工缝收头处理（见下图）。 注：固定止水钢板的钢筋不得穿过止水钢板。    

子项名称	编号
防水混凝土变形缝埋式止水带做法	7-035

照片/CAD 展示图	控制要点
	中埋式止水带因防水等级、防水材料（钢筋混凝土自防水、卷材防水、防水砂浆、防水涂料）不同而稍有区别，但均应满足： 1. 止水带埋设位置应准确，其中间空心圆环应与变形缝的中心线重合。 2. 止水带应固定牢固，顶、底板内止水带应呈盆状安设。 3. 先施工一侧混凝土时，其端模应支撑牢固，应有防漏浆措施。 4. 止水带接缝宜为一处，不得在结构转角处，应在边墙较高处；金属止水带接头应焊接，橡胶止水带接头应采用热压焊接。 5. 在转弯处应做成弧形，（钢边）橡胶止水带转角半径不应小于200mm，且应随止水带宽度增加而加大。 注：应区分地下工程防水等级选择变形缝止水带做法。橡胶止水带埋设角度同金属止水带。

子项名称	编号
中埋式止水带做法及工程实例	7－036

照片/CAD 展示图	控制要点

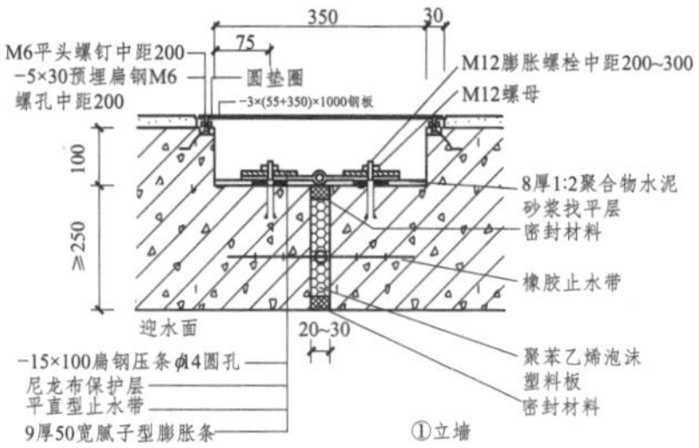

①立墙

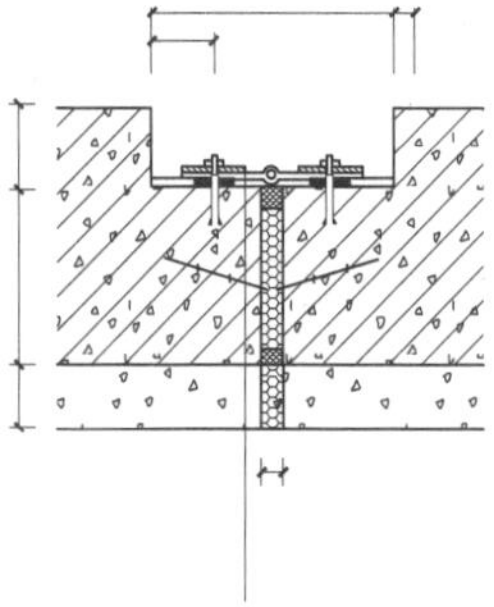

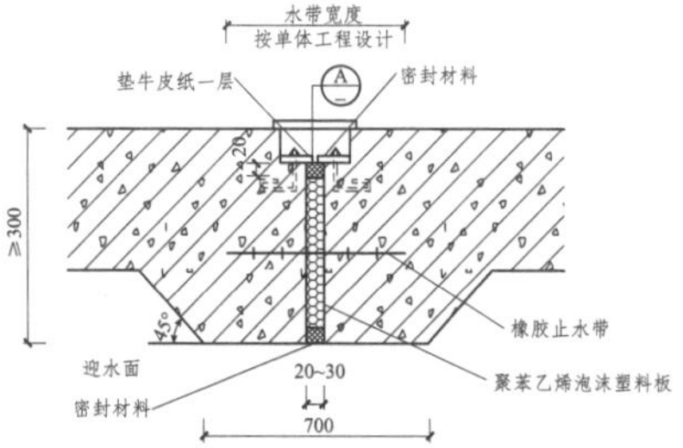

③中埋式止水带与可卸式止水带复合使用

1. 适用一、二级防水的变形缝止水带做法参见左图。
2. 钢边橡胶止水带安装。
3. 橡胶止水带热压焊接。
4. 金属止水带示例；橡胶止水带示例。

注：当防水混凝土墙、底板厚度不足300mm时，应局部加厚至300mm以上。

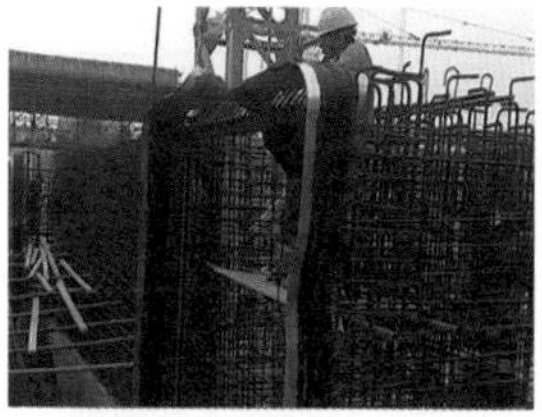

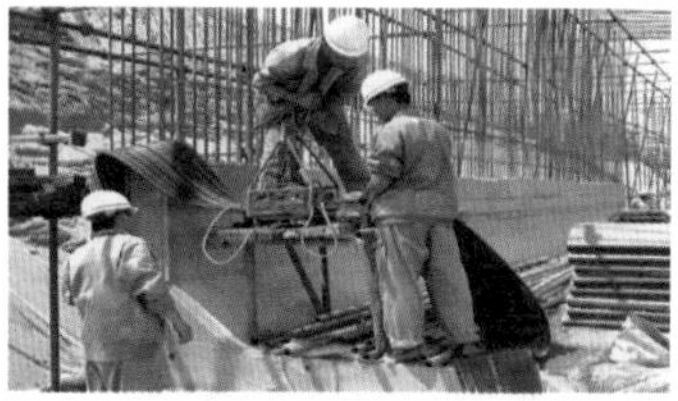

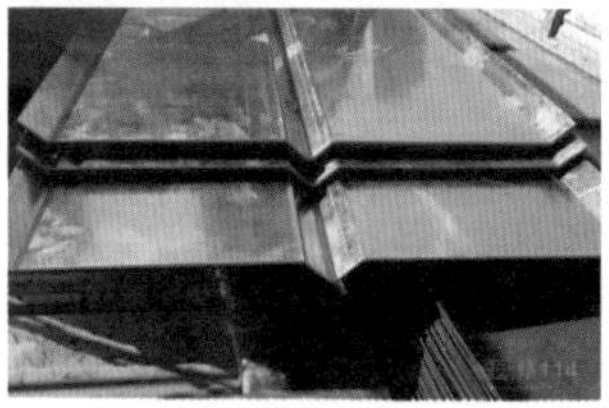

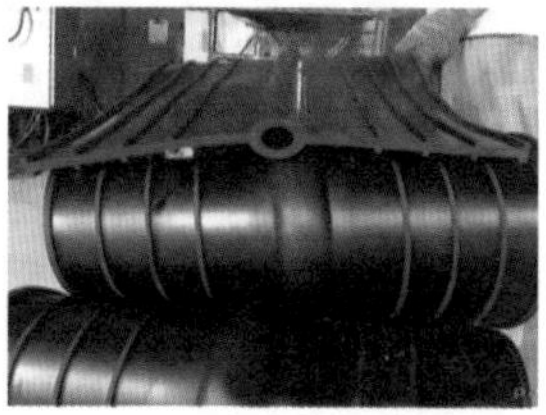

子项名称	编号
穿防水混凝土墙管道（套管）构造	7－037

照片/CAD 展示图	控制要点

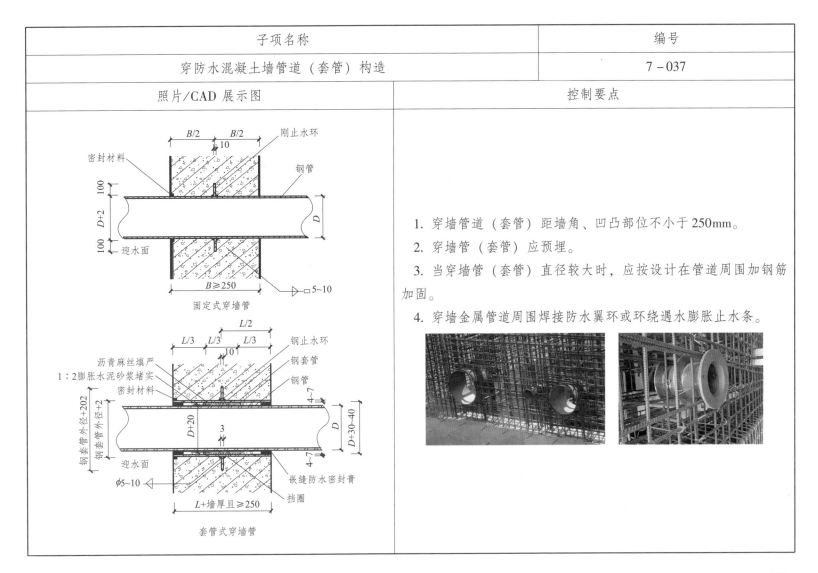

固定式穿墙管

套管式穿墙管

1. 穿墙管道（套管）距墙角、凹凸部位不小于250mm。

2. 穿墙管（套管）应预埋。

3. 当穿墙管（套管）直径较大时，应按设计在管道周围加钢筋加固。

4. 穿墙金属管道周围焊接防水翼环或环绕遇水膨胀止水条。

子项名称	编号
防水混凝土后浇带	7-038

照片/CAD 展示图	控制要点
适用于一级防水等级 适用于一级防水等级（超前止水后浇带）	1. 后浇带应在其两侧混凝土达到42d后再施工；高层建筑后浇带应按规定时间进行。 2. 后浇带浇筑应采用补偿收缩混凝土浇筑，抗渗和抗压强度不应低于两侧混凝土，一般提高一个强度等级。 3. 后浇带应设在应力和变形较小处。 4. 后浇带两侧应做成平直缝或阶梯缝。 5. 后浇带混凝土应一次浇筑完成，不得留施工缝，应及时养护。 6. 应注意保护外贴式止水带，不得落入杂物或损坏止水带。 注：使用超前止水后浇带，应局部加厚混凝土不少于250mm。

子项名称	编号
涂料防水	7-039

照片/CAD 展示图	控制要点

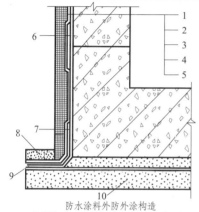

防水涂料外防外涂构造
1—保护墙；2—砂浆保护层；3—涂料防水层；
4—砂浆找平层；5—结构墙体；6—涂料防水层加强层；
7—涂料防水加强层；8—涂料防水层搭接部位保护层；
9—涂料防水层搭接部；10—混凝土垫层

1. 外防水应选择有机防水涂料。

2. 基层阴、阳角应做成圆弧，阴角直径宜大于50mm，阳角直径宜大于10mm，底板转角部位应增加胎体增强材料，并增涂防水涂料。

3. 掺外加剂、掺合料的水泥基防水涂料厚度不得小于3mm，水泥基渗透结晶型防水涂料用量不应小于1.5kg/m²，且厚度不得小于1mm；有机防水涂料厚度不得低于1.2mm。

4. 基层表面垃圾、灰尘、油渍、浮浆清理干净，基层不得有空鼓、开裂及凹凸不平、蜂窝、起砂、脱皮、翘起等缺陷。

5. 基层积水、积雪用吸水设备清理干净。

6. 防水涂料应分层涂刷或喷涂，不得漏刷漏涂，接槎宽度不得小于100mm。

7. 胎体增强材料应充分浸透防水材料，不得有露槎及褶皱。

8. 涂料施工严禁在雨天、雪天、五级及以上大风中进行，不得低于5℃及高于35℃或烈日曝晒时施工。

9. 有机防水涂料施工完成后应及时做保护层，保护层做法按设计要求。

注：防水涂料防水细部构造应满足设计（规范）要求。

163

子项名称	编号
防水砂浆防水	7 – 040

照片/CAD 展示图	控制要点
	1. 聚合物水泥防水砂浆应分层铺设或喷射，单层施工厚度 3 ~ 8mm，双层施工厚度 10 ~ 12mm；最后一层表面提浆压光；掺外加剂或掺合料的水泥防水砂浆厚度宜为 18 ~ 20mm。 2. 基层应保证平整、坚实、清洁，并充分湿润、无明水。 3. 预埋件、穿墙套管、预留凹槽内嵌填密封材料，孔洞、缝隙防水砂浆堵塞抹平。 4. 聚合物水泥防水砂浆控制拌合后施工时间，一般不超过 30min，施工中不得任意加水。 5. 水泥砂浆防水层各层应紧密黏合，连续施工，施工缝应呈阶梯坡形槎，距离阴阳角距离不小于 200mm。 6. 水泥防水砂浆注意终凝后的养护，注意聚合物水泥防水砂浆终凝前不得浇水或受雨水冲刷。 注：防水砂浆防水细部构造应满足设计（规范）要求。

子项名称	编号
卷材防水基层处理	7-041

照片/CAD 展示图	控制要点
	1. 基层表面垃圾、灰尘、油渍清理干净，凸出部位铲平，蜂窝、孔洞、麻面需要先用凿子将松散不牢的石子剔掉，用钢丝刷清理干净，浇水湿润后先涂刷素浆，再用水泥砂浆或高强度的细石混凝土填实抹平。基层不得有空鼓、开裂及起砂、脱皮、翘起等缺陷。 2. 基层积水、积雪用吸水设备清理干净，基层有局部渗水用快凝堵漏材料进行封堵或者采用注浆止水措施。 3. 平面与立面交接处等阴、阳角部位应做半径不小于50mm的圆弧或者做成钝角。 4. 铺贴卷材严禁在雨天、雪天、五级及以上大风中施工，施工温度、环境要符合卷材使用说明。 注：控制基层含水率，防水层施工前，含水率应不超过规定要求。

子项名称	编号
卷材防水混凝土基层处理（免抹灰）	7-042

照片/CAD 展示图	控制要点

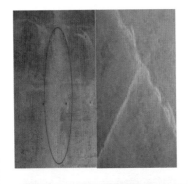 

建议地下室外壁等处免抹灰，直接粘贴（涂刷）防水材料。

一、优势

1. 地下室外墙取消抹灰，可以缩短工期，节约成本。

2. 有利于保证防水材料（特别是卷材类）与结构的粘接效果，减少阴阳角部位应力集中造成防水材料破坏，降低渗漏的风险。

二、基层处理的注意事项

1. 外墙混凝土模板接缝不平整部位，用手提砂轮打磨机打磨平顺。

2. 外墙阳角部位磨成 $R = 30mm$ 的圆弧。

3. 外墙阴角部位做成 $R = 50mm$ 的圆弧。

注：注意穿墙螺栓端部处理，应切割并进行防锈密封处理。

子项名称	编号
卷材防水附加防水层	7－043

照片/CAD 展示图	控制要点
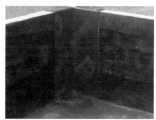	1. 由于防水层转角交接处应力集中，往往先于大面积防水层提前破坏，因此防水层在阴、阳角等所有转折部位均应采取附加防水层加强措施。 2. 附加防水层宽度一般为 500mm，附加防水层材料及做法按设计要求。 注：无论转折角度是否是 90°，均需设置附加层。

子项名称	编号
卷材防水	7－044

照片/CAD 展示图	控制要点
	1. 基层应刷涂基层处理剂（底油），注意处理剂与防水层的相容性。 2. 底油喷涂或刷涂应均匀一致，不得有露白处，切勿反复涂刷，干燥4h以上（视气温而定，以不粘脚为宜）方可进行下道工序，一般用量为 $0.2 \sim 0.3 kg/m^2$。 3. 结构底板垫层混凝土部位的防水卷材可采用空铺法或点粘法粘贴，侧墙外迎水面、顶板部位卷材应采用满粘法粘贴。 卷材施工顺序：①按需要裁切卷材；②对位查看；③卷起待用；④粘贴卷材；⑤排气压实；⑥接缝处理；⑦接缝处挤出融化胶液。 注：卷材与基层、卷材与卷材间的粘接应紧密、牢固，粘贴完成后卷材应平整、顺直。搭接尺寸准确，无扭曲和皱折。

子项名称	编号
卷材防水搭接、甩茬（一）	7-045

照片/CAD展示图	控制要点
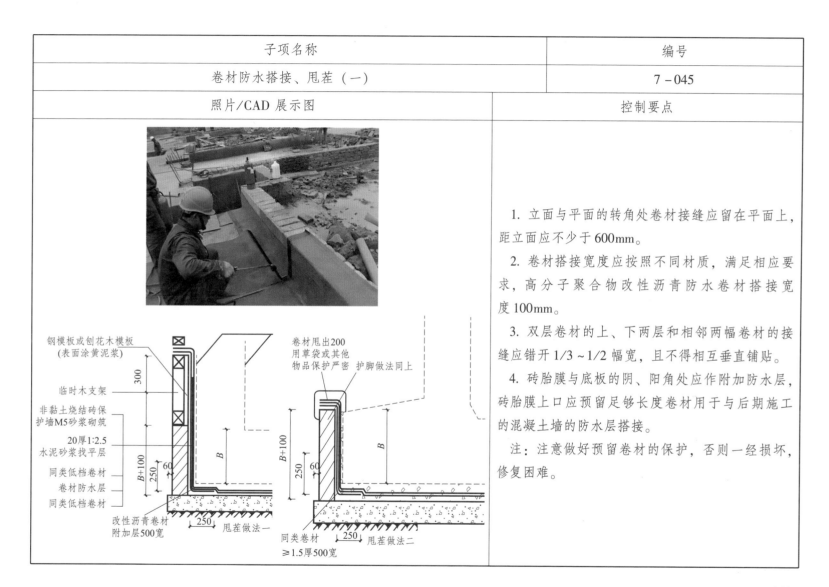	1. 立面与平面的转角处卷材接缝应留在平面上，距立面应不少于600mm。 2. 卷材搭接宽度应按照不同材质，满足相应要求，高分子聚合物改性沥青防水卷材搭接宽度100mm。 3. 双层卷材的上、下两层和相邻两幅卷材的接缝应错开1/3～1/2幅宽，且不得相互垂直铺贴。 4. 砖胎膜与底板的阴、阳角处应作附加防水层，砖胎膜上口应预留足够长度卷材用于与后期施工的混凝土墙的防水层搭接。 注：注意做好预留卷材的保护，否则一经损坏，修复困难。

169

子项名称	编号
卷材防水搭接、甩茬（二）	7－046

照片/CAD 展示图	控制要点
	1. 卷材搭接宽度应按照不同材质，满足相应要求，高分子聚合物改性沥青防水卷材搭接宽度100mm。 2. 双层卷材的上下两层和相邻两幅卷材的接缝应错开1/3～1/2幅宽，且不得相互垂直铺贴。 3. 垂直面防水卷材施工应有防止卷材坠落措施。 注：其他材质搭接要求按照规范（设计）要求。

子项名称	编号
卷材防水搭接、甩茬（三）	7－047

照片/CAD 展示图	控 制 要 点
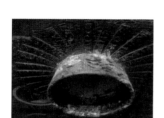 2厚聚氨酯防水层或4厚防水卷材 附加防水层 250 迎水面 250 建筑密封胶 2厚翼环两侧与钢管满焊 D 100 穿墙管 B/2 B/2	为减少穿墙套管部位外墙渗水现象的发生，应增强穿墙套管节点处理。 1. 穿墙套管根部周边做 $R = 50mm$ 圆弧。 2. 在穿墙套管周边与墙相交处打密封胶，在迎水面一侧，沿穿墙套管周边施工防水附加层，材料及做法同防水层，防水附加层沿穿墙套管及外墙周边宽度均为 $250mm$。 3. 防水附加层验收合格后，在迎水面施工不小于 $2mm$ 厚聚氨酯防水涂膜，或不小于 $4mm$ 厚卷材防水，防水涂料或卷材深入套管内不少于 $50mm$。 注：预埋管道周围防水做法可参照上述做法。

子项名称	编号
桩头防水处理	7-048

照片/CAD 展示图	控制要点
	为解决桩头防水效果不理想问题，可采取 SBS、聚氨酯、水泥基防水涂料、膨胀止水环等防水材料于一体的综合处理措施。 1. 桩头阴角部位用 1:2 水泥砂浆做 $R=30\text{mm}$ 半圆弧。 2. 桩顶及侧面混凝土刷 1.5mm 厚水泥基渗透结晶涂料，并向外延伸 300mm，水泥基渗透结晶涂料应分层涂刷均匀。 3. 涂刷冷底子油并铺设 SBS 卷材。 4. 防水卷材铺至桩头边，用聚氨酯防水涂料封口。 5. 紧贴钢筋底部加遇水膨胀止水条（环）。 注：浇筑防水保护层前布置灰饼准确控制标高。

子项名称	编号
外墙后浇带超前防水做法	7-049

照片/CAD 展示图	控制要点
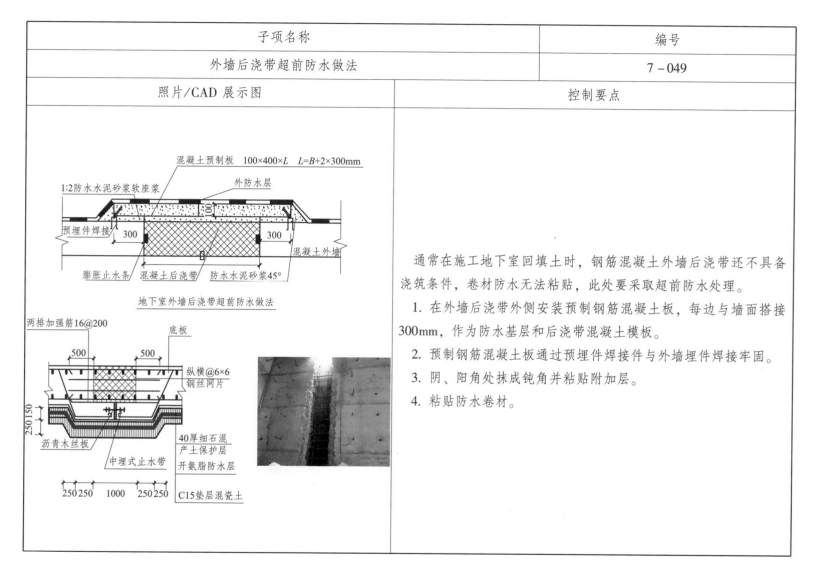地下室外墙后浇带超前防水做法	通常在施工地下室回填土时，钢筋混凝土外墙后浇带还不具备浇筑条件，卷材防水无法粘贴，此处要采取超前防水处理。 1. 在外墙后浇带外侧安装预制钢筋混凝土板，每边与墙面搭接 300mm，作为防水基层和后浇带混凝土模板。 2. 预制钢筋混凝土板通过预埋件焊接件与外墙埋件焊接牢固。 3. 阴、阳角处抹成钝角并粘贴附加层。 4. 粘贴防水卷材。

子项名称	编号
各工序检查	7-050

照片/CAD 展示图	控制要点
	1. 施工完成后应仔细检查卷材防水层, 特别是搭接部位, 对粘贴不牢固的及时处理。 2. 防水施工完毕之后及时把剩余卷材以及施工器具清理出场, 做到工完场清。 3. 做好成品保护, 如有卷材破坏及时用密封膏进行修补加强处理。 4. 验收合格后及时施工防水保护层, 底板防水保护层施工前, 应铺设隔离层, 一般用 0.4mm 厚聚丙烯塑料薄膜或油毡卷材。 注: 地下室完工后应进行防水效果检查, 查看有无渗漏, 并填写防水效果检查记录。 

子项名称	编号
卷材收头、保护处理	7-051

照片/CAD 展示图	控制要点
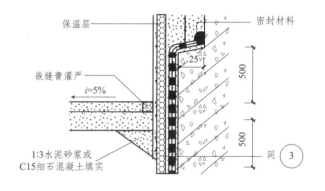  	1. 改性沥青卷材防水卷材端部与墙体交接处用聚氨酯密封膏或防水沥青密封膏封口；高分子卷材端部与墙体交接处用聚氨酯密封膏封口。 2. 卷材收头应用钢压条、水泥钉固定。 3. 防水层收头应高出室外地坪500mm以上。 4. 卷材外保护层可用30mm厚（同时满足节能要求）挤塑板或120mm厚砖砌墙或20mm厚1：2.5水泥砂浆。 注：防水收头高度和处理方式可参见单体工程设计。

图中标注：保温层、密封材料、嵌缝膏灌严、i=5%、25、500、500、同3、1:3水泥砂浆或C15细石混凝土填实

子项名称	编号
穿墙螺栓孔防水封堵	7－052

照片/CAD 展示图	控制要点
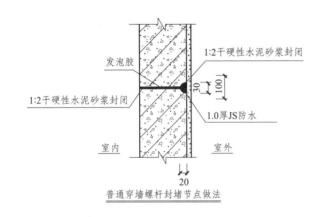 普通穿墙螺杆封堵节点做法 	外墙的穿墙螺栓孔封堵不严，是导致外墙渗漏的主要原因之一，常规封堵方法如下。 　　1. 清理螺栓孔内塑料套管（可先用电钻铰碎）及其他残留物（用孔洞同直径钢管或毛刷）。 　　2. 喷水湿润孔壁混凝土，刷素水泥浆（同直径毛刷）。 　　3. 聚氨酯发泡胶填塞密实，墙内外各预留 30mm 空白。 　　4. 30mm 厚 1：2 防水膨胀干硬性水泥砂浆封闭孔洞，抹平压实；喷水养护 3～7d。 　　5. 外侧涂刷面积不小于 100mm×100mm 的防水涂料。 　　注：发泡胶可改用压力注入水泥砂浆。

子项名称	编号
三颜色外墙螺栓孔防水节点做法	7-053

照片/CAD 展示图	控制要点

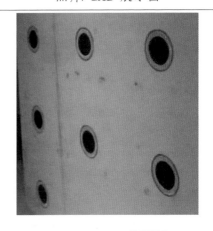

第三遍黑色
聚氨酯涂膜防水

第二遍黑色
聚氨酯涂膜防水

第一遍黑色
聚氨酯涂膜防水

为减少外墙对拉螺栓眼渗水现象的发生，防止漏刷防水涂料，建议采用三色防水涂料法。

1. 用电钻将螺栓孔扩成喇叭形，深度不少于50mm；用水冲洗湿润。

2. 刷素水泥浆（同直径毛刷），用1∶1膨胀水泥砂浆从外墙外侧封堵入孔内50mm，用圆钢捣实后抹平墙面，淋水养护3~7d。

3. 封堵砂浆干燥后，表面涂刷聚氨酯防水。为保证涂刷遍数和涂膜厚度，分别采用白色、红色和黑色聚氨酯涂刷，涂成直径分别为150mm、130mm、110mm 的圆形。

7.5 外墙防水

子项名称	编号
橡胶头封堵螺栓孔	7-054

照片/CAD 展示图	控制要点
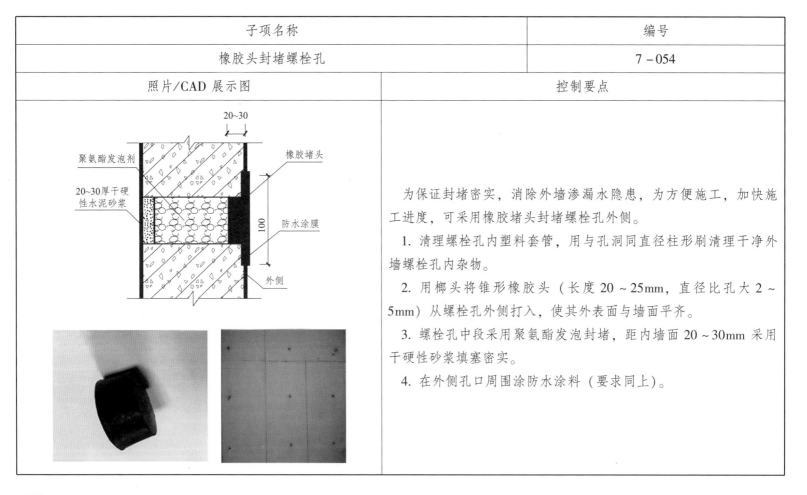	为保证封堵密实，消除外墙渗漏水隐患，为方便施工，加快施工进度，可采用橡胶堵头封堵螺栓孔外侧。 1. 清理螺栓孔内塑料套管，用与孔洞同直径柱形刷清理干净外墙螺栓孔内杂物。 2. 用榔头将锥形橡胶头（长度 20～25mm，直径比孔大 2～5mm）从螺栓孔外侧打入，使其外表面与墙面平齐。 3. 螺栓孔中段采用聚氨酯发泡封堵，距内墙面 20～30mm 采用干硬性砂浆填塞密实。 4. 在外侧孔口周围涂防水涂料（要求同上）。

子项名称	编号
门窗洞口附加网格布做法	7-055

照片/CAD 展示图	控 制 要 点

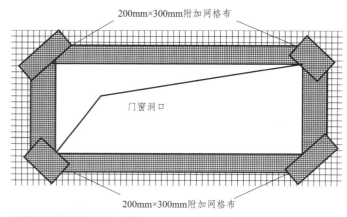

200mm×300mm附加网格布

门窗洞口

200mm×300mm附加网格布

为防止门窗洞口外墙保温开裂，造成外墙渗漏，应在洞口四角沿45°方向补贴一块 200mm×300mm 的标准网格布。

注：保温板的拼缝不能留在门窗口的四角处。

7.6 外窗（门）防水

子项名称	编号
外窗（门）框周围防水密封处理	7-056

照片/CAD 展示图	控制要点
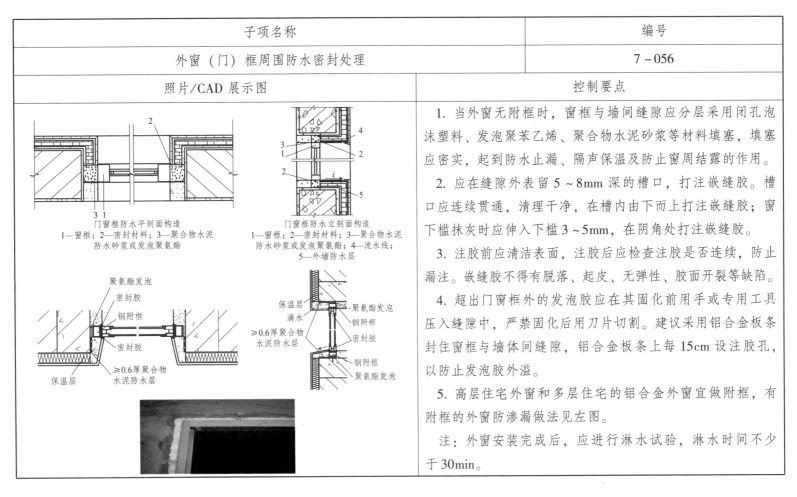	1. 当外窗无附框时，窗框与墙间缝隙应分层采用闭孔泡沫塑料、发泡聚苯乙烯、聚合物水泥砂浆等材料填塞，填塞应密实，起到防水止漏、隔声保温及防止窗周结露的作用。 2. 应在缝隙外表留 5~8mm 深的槽口，打注嵌缝胶。槽口应连续贯通，清理干净，在槽内由下而上打注嵌缝胶；窗下槛抹灰时应伸入下槛 3~5mm，在阴角处打注嵌缝胶。 3. 注胶前应清洁表面，注胶后应检查注胶是否连续，防止漏注。嵌缝胶不得有脱落、起皮、无弹性、胶面开裂等缺陷。 4. 超出门窗框外的发泡胶应在其固化前用手或专用工具压入缝隙中，严禁固化后用刀片切割。建议采用铝合金板条封住窗框与墙体间缝隙，铝合金板条上每 15cm 设注胶孔，以防止发泡胶外溢。 5. 高层住宅外窗和多层住宅的铝合金外窗宜做附框，有附框的外窗防渗漏做法见左图。 注：外窗安装完成后，应进行淋水试验，淋水时间不少于 30min。

门窗框防水平剖面构造
1—窗框；2—密封材料；3—聚合物水泥防水砂浆或发泡聚氨酯

门窗框防水立剖面构造
1—窗框；2—密封材料；3—聚合物水泥防水砂浆或发泡聚氨酯；4—流水线；5—外墙防水层

聚氨酯发泡
密封胶
钢附框
密封胶
≥0.6厚聚合物水泥防水层
保温层

保温层
滴水
≥0.6厚聚合物水泥防水层
聚氨酯发泡
钢附框
密封胶
钢附框
聚氨酯发泡

子项名称	编号
窗框周围缝隙密封处理	7－057

照片/CAD 展示图	控 制 要 点
	1. 带附框的外窗（门）周边侧壁涂抹厚度不小于0.6mm的聚合物水泥砂浆防水层，宜向外墙面延伸100mm。 2. 外窗嵌缝胶应在粉刷装饰层施工之前打注，以保证粘接效果。 3. 外窗框内打嵌缝胶，可将美纹纸粘贴于需要保护的基面一侧，两道美纹纸间留出打胶宽度4mm以内，保证宽度均匀。 4. 打胶完成后24h内勿触摸，48h内勿按压。 5. 嵌缝胶应采用中性材料。

子项名称	编号
窗楣、窗台排水	7-058

照片/CAD 展示图	控制要点
	1. 外窗台向外的排水坡度不小于 5%。 2. 洞口上部应有向外的坡度并做出滴水槽或鹰嘴，滴水槽宜采用成品。 3. 伸（挑）出外墙的构件、装饰件下部均应做出滴水槽或鹰嘴，抹灰面鹰嘴宜采用成品。

子项名称	编号
剪力墙窗口处外侧设剪口、窗台设挡水台	7-059

照片/CAD 展示图	控制要点
 剪力墙预留剪口 	1. 钢筋混凝土墙在外窗预留洞口周围设置剪口，剪口深度 10 ~ 20mm，剪口应连续封闭。 2. 砌筑窗台顶部设置混凝土压顶并做成 L 形剪口，形成挡水台，剪口深度 10~20mm。

第8章 装饰装修工程

8.1 说 明

子项名称	编号
说明	8－001

照片/CAD 展示图	控制要点
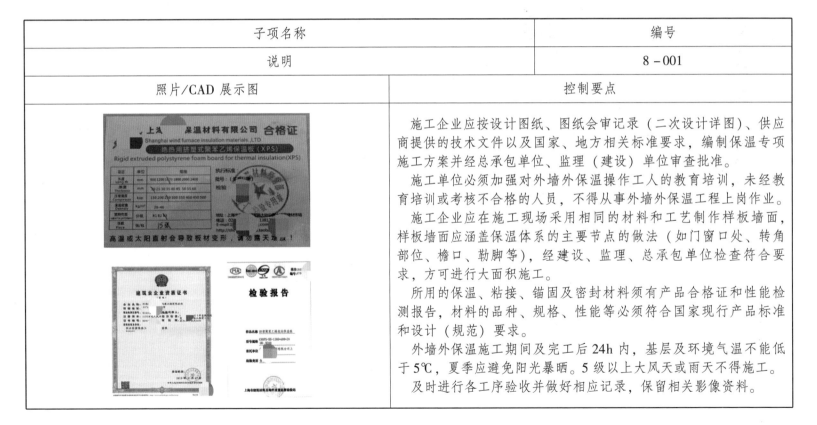	施工企业应按设计图纸、图纸会审记录（二次设计详图）、供应商提供的技术文件以及国家、地方相关标准要求，编制保温专项施工方案并经总承包单位、监理（建设）单位审查批准。 　施工单位必须加强对外墙外保温操作工人的教育培训，未经教育培训或考核不合格的人员，不得从事外墙外保温工程上岗作业。 　施工企业应在施工现场采用相同的材料和工艺制作样板墙面，样板墙面应涵盖保温体系的主要节点的做法（如门窗口处、转角部位、檐口、勒脚等），经建设、监理、总承包单位检查符合要求，方可进行大面积施工。 　所用的保温、粘接、锚固及密封材料须有产品合格证和性能检测报告，材料的品种、规格、性能等必须符合国家现行产品标准和设计（规范）要求。 　外墙外保温施工期间及完工后24h内，基层及环境气温不能低于5℃，夏季应避免阳光暴晒。5级以上大风天或雨天不得施工。 　及时进行各工序验收并做好相应记录，保留相关影像资料。

8.2 外墙保温工程

子项名称	编号
外墙外贴保温板系统要求	8－002

照片/CAD 展示图	控制要点
基面 保温板胶粘剂 挤塑型聚苯板(XPS) 保温板面层砂浆 耐碱玻纤网格布(加强型) 保温板面层砂浆 柔性磁砖胶粘剂 外墙面砖 基面 保温板胶粘剂 聚苯板(EPS) 保温板面层砂浆 耐碱玻纤网格布(普通型) 保温板面层砂浆 弹性腻子 涂料饰面	1. 外墙外保温系统做法及材料应符合设计及规范要求，经见证取样复试合格。 2. 保温板材与基层及各构造层之间的粘接或连接必须牢固。保温板材与基层的连接方式、拉伸黏结强度和黏结面积比符合设计要求。 3. 应按要求进行保温层与胶粘剂拉伸黏结强度检验、现场拉拔试验。黏结面积比应进行剥离检验。 4. 施工过程中应抽查检验，检验聚苯板、挤塑板阻燃性能、密度；检验岩棉板憎水性；检验防火隔离带憎水性；检验黏结砂浆、抗裂砂浆及腻子强度；检验玻纤网强度及耐碱涂层质量，对质量不稳定材料及时组织退场。 注：施工前对拉螺栓孔、脚手架眼等进行可靠封堵，并做防水处理。外墙外 EPS、XPS 保温板粘贴时要求全面积（满）粘贴。

子项名称	编号
外墙外贴保温施工基层处理（一）	8-003

照片/CAD 展示图	控制要点
现浇混凝土墙体　砌体填充墙　300mm 宽防水材料　水泥砂浆找平	1. 外贴保温板施工前，基层施工质量应经过验收且合格。基层应清洁、无油污等妨碍粘接的附着物，凸起、空鼓应修复，找平层不得有空鼓、脱层、裂缝，面层不得有粉化、起皮、爆灰现象。 2. 砌体墙外墙保温板应抹底灰找平后再粘贴，应采用水泥砂浆，在砌体与混凝土构件的接缝处，刷一道防水材料，沿接缝两侧各150mm 宽。

子项名称	编号
外墙外贴保温施工基层处理（二）	8－004

照片/CAD 展示图	控制要点
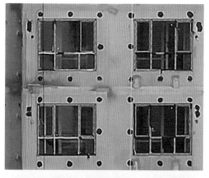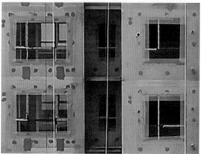	1. 保温板施工前应作出排板图，并对门窗套、凸窗、雨篷、挑台及阴阳角等复杂部位作出施工大样图。 2. 外墙螺栓孔和翻包网格布作为单独的工序施工验收，合格后开始粘贴保温板。

子项名称	编号
外墙粘贴保温板施工	8－005

照片/CAD 展示图	控制要点
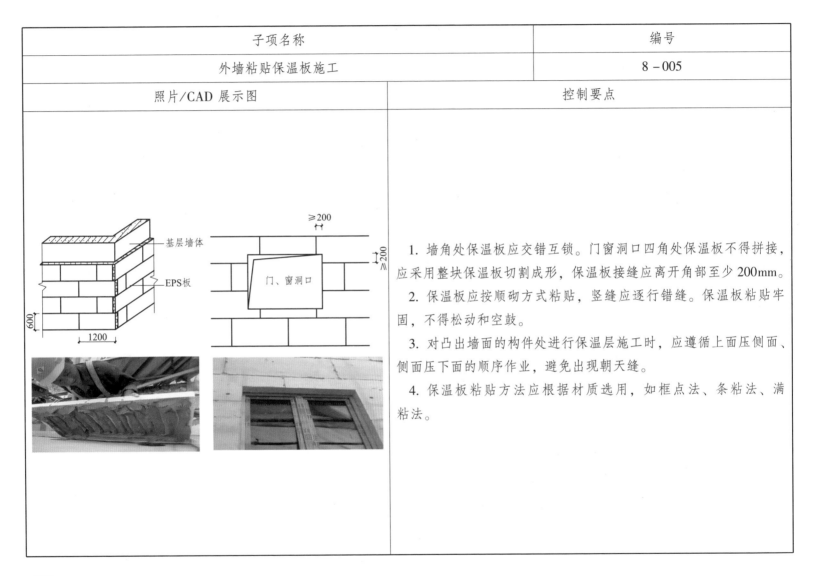	1. 墙角处保温板应交错互锁。门窗洞口四角处保温板不得拼接，应采用整块保温板切割成形，保温板接缝应离开角部至少 200mm。 2. 保温板应按顺砌方式粘贴，竖缝应逐行错缝。保温板粘贴牢固，不得松动和空鼓。 3. 对凸出墙面的构件处进行保温层施工时，应遵循上面压侧面、侧面压下面的顺序作业，避免出现朝天缝。 4. 保温板粘贴方法应根据材质选用，如框点法、条粘法、满粘法。

子项名称	编号
外墙外贴保温粘贴（一）	8-006

照片/CAD 展示图	控制要点
	1. 保温岩棉板应六面进行界面处理，其他保温板应双面进行界面处理。应选用区别于保温板颜色的界面处理剂，以便于检查界面处理质量。 2. 保温板缝间超过 1mm 的缝隙用专用发泡胶填充。 3. 板面应用专用工具进行打磨（尤其是板与板间高差），避免"冷桥"、窜水和开裂。

子项名称	编号
外墙外贴保温粘贴（二）	8－007

照片/CAD 展示图	控制要点
	1. 防火隔离带宽度不应小于300mm，应与保温层同步与基层墙体全面积粘贴。 2. 防火隔离带抹面层应加底层玻纤网，垂直方向超出防火隔离带边缘不应小于100mm。 3. 应使用锚栓辅助连接，锚栓应压住底层玻纤网。

子项名称	编号
外墙外贴保温板与墙体基层锚固（锚栓）施工	8－008

照片/CAD 展示图	控制要点

1. 后置锚固件（锚栓）长度应根据保温材料厚度、墙体内锚固深度要求确定。塑料膨胀件和塑料膨胀套管应采用原生的聚酰胺、聚乙烯或聚丙烯制造，不应使用再生材料，锚栓圆盘直径不应小于60mm，岩棉板用锚栓圆盘直径不应小于100mm。

2. 采用预埋或后置锚固件固定时，锚固件数量、位置、锚固深度、黏结材料性能和锚固拉拔力应符合设计和施工方案要求，且应按要求进行锚固力现场拉拔试验。

3. 外墙外保温系统后置锚固件固定严禁用锤钉，必须拧紧，钻孔深度大于锚固深度10mm。

注：应注意区分墙体不同材质选择后置锚固件（锚栓）、锚固深度。

子项名称	编号
岩棉板外墙外贴保温钢丝网锚栓施工	8－009

照片/CAD 展示图	控制要点
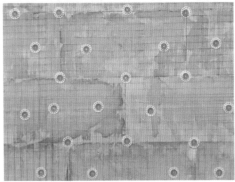	1. 岩棉板用锚栓圆盘直径不应小于100mm。 2. 镀锌钢丝网搭接不小于100mm，用塑料卡临时固定后，用托盘锚栓压紧。

子项名称	编号
岩棉板外墙外贴保温板抗裂砂浆玻纤网施工	8－010

照片/CAD 展示图	控制要点
	1. 粘贴岩棉板24h 以后，粘贴首层玻纤网，在岩棉板表面涂满抗裂砂浆后及时将玻纤网与上层玻纤网搭接铺平，抹压在抗裂砂浆表面，再满刮抗裂砂浆覆盖玻纤网。 　　2. 粘贴首层玻纤网24h 后，钻孔安装锚栓，钻孔深度大于锚固深度10mm。 　　3. 锚栓安装验收合格后粘贴第二层玻纤网，做法同首层。

子项名称	编号
胶粉 EPS 颗粒保温浆料外保温系统施工	8–011

照片/CAD 展示图	控制要点

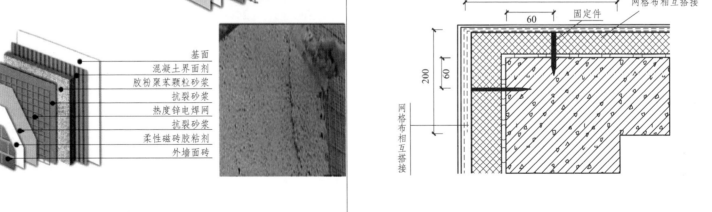

1. 基层质量要求同粘贴保温板基层。

2. 胶粉 EPS 颗粒保温浆料宜分遍抹灰，每遍间隔时间应在 24h 以上，每遍厚度不宜超过 20mm。

3. 应设置抗裂分隔缝。

4. 转角部位等应加包网格布并锚栓固定。

5. 保温层固化干燥后（用手按不动表面为宜，一般约 3～7d）且保温层施工质量验收合格后，方可进行下道工序施工。

子项名称	编号
EPS 板现浇混凝土外保温系统	8-012

照片/CAD 展示图	控制要点

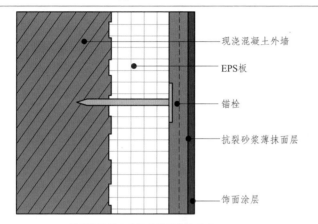

现浇混凝土外墙

EPS板

锚栓

抗裂砂浆薄抹面层

饰面涂层

EPS板现浇混凝土外墙外保温构造示意

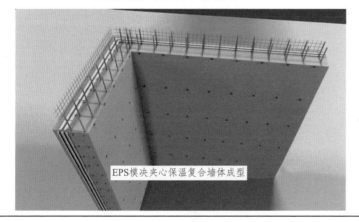

EPS模块夹心保温复合墙体成型

1. EPS 板两面必须预喷刷界面砂浆。

2. 锚栓设置应不少于 2 个/m^2。

3. 水平分隔缝按楼层设置。垂直分隔缝按墙面面积设置，在塔式建筑中宜留在阴角部位。分隔缝应有封堵和密封措施。

4. 混凝土一次浇筑高度不宜大于 1m，混凝土应振捣密实均匀。

5. 混凝土浇注后，保温层中的穿墙螺栓孔洞应使用保温材料填塞，EPS 板缺损或表面不平整处宜使用胶粉 EPS 颗粒保温浆料修补。

子项名称	编号
EPS 钢丝网架板现浇混凝土外保温系统	8－013

照片/CAD 展示图	控制要点

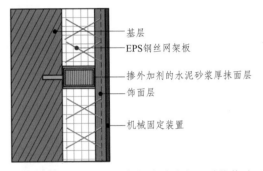

图1　机械固定EPS钢丝网架板外墙外保温系统构造示意

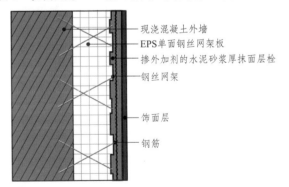

图2　EPS钢丝架板现浇混凝土外墙外保温构造示意

1. EPS 单面钢丝网架板两面应预喷刷界面砂浆。

2. EPS 钢丝网架板抹面层应均匀平整，钢丝网应完全包裹于找平层中，并应采取可靠措施确保抹面层不开裂。

3. L 形 $\phi6$ 钢筋或锚栓数量、锚固深度符合设计要求。

4. 在每层层间宜留水平分隔缝，分隔缝宽度为 15～20mm；垂直分隔缝按墙面面积设置，宜留在阴角部位；分隔缝应有封堵和密封措施。

5. 宜采用钢制大模板施工，并应采取可靠措施保证 EPS 钢丝网架板和辅助固定件安装位置准确。

6. EPS 钢丝网架接缝处应附加钢丝网片，阳角及门窗洞口等处应附加钢丝角网。

7. 混凝土一次浇筑高度不宜大于 1m，混凝土需振捣密实均匀。

子项名称	编号
现场喷涂硬泡聚氨酯外保温系统	8-014

照片/CAD 展示图	控制要点

①基层
②聚氨酯保温防水层
③界面砂浆
④柔性抗裂砂结合层
⑤柔性抗裂砂浆
⑥耐碱网格布
⑦弹性底涂
⑧柔性腻子
⑨面饰层

① ⑤⑦⑨② ④ ⑥ ⑧

控制要点

1. 喷涂硬泡聚氨酯时，环境温度宜为 10～40℃，风速不应大于 5m/s（三级风），相对湿度应不小于 80%，雨天和雪天不得施工。

2. 基层墙体应坚实平整。

3. 喷涂时应采取遮挡措施，避免建筑物的其他部位和环境受污染。

4. 阴、阳角及与其他材料交接等不便于喷涂的部位，宜用相应厚度的聚氨酯硬泡预制型材粘贴。

5. 每遍喷涂的硬泡聚氨酯，厚度不宜大于 15mm，当日的施工作业面必须连续喷涂完毕。

6. 硬泡聚氨酯喷涂完工至少 48h 后，方可进行保温浆料找平层施工。

7. 硬泡聚氨酯喷涂抹面层沿纵向宜每层楼高处留水平分隔缝，横向宜不大于 10m 设垂直分隔缝。

子项名称	编号
外墙保温无窗套窗台处构造做法	8-015

照片/CAD 展示图	控制要点
 发泡聚氨酯填缝 建筑密封胶嵌缝 建筑密封胶嵌缝 无机保温砂浆或按工程设计确定 5% 钢板L80×(δ+5)×3,与窗洞口通长设置 用膨胀螺栓锚固,见A 100 ② 耐碱网布翻包 1/D12 δ δ+5 3 25 50 80 25 φ6孔梅花状双向中距50 φ6孔梅花状双向中距600 A 注:1.窗框宜与外墙平齐。 2.δ保温层厚度由设计根据计算确定。	1. 无窗套窗台采用与外墙不同保温材料时，应在窗台下设置钢托架并焊接 2 根通长钢筋。 2. 无窗套窗台采用与外墙相同保温材料时，可将保温板做成倒 L 形。 注：有窗套窗台无此要求。

子项名称	编号
外墙保温细部构造做法	8-016

照片/CAD 展示图	控制要点

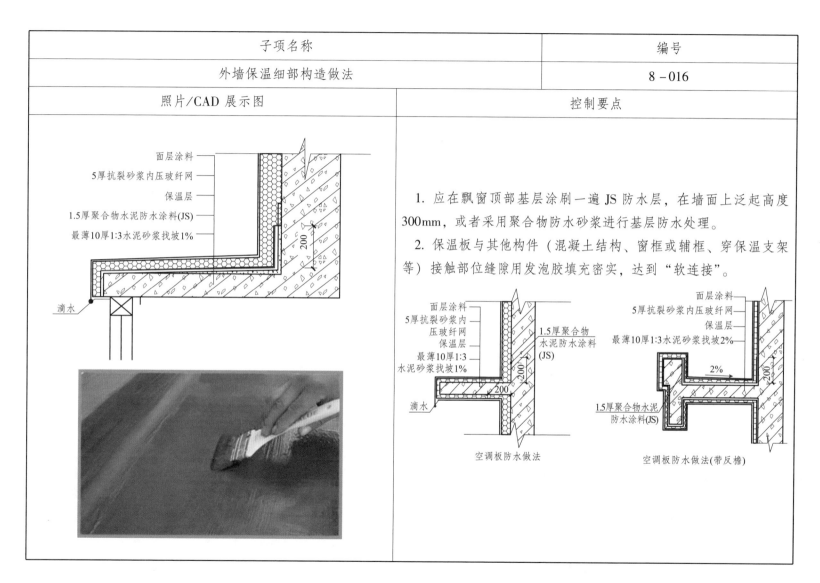

1. 应在飘窗顶部基层涂刷一遍 JS 防水层，在墙面上泛起高度 300mm，或者采用聚合物防水砂浆进行基层防水处理。

2. 保温板与其他构件（混凝土结构、窗框或辅框、穿保温支架等）接触部位缝隙用发泡胶填充密实，达到"软连接"。

子项名称	编号
保温装饰一体板施工	8-017

照片/CAD 展示图	控制要点
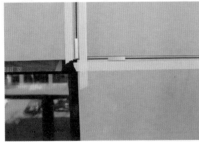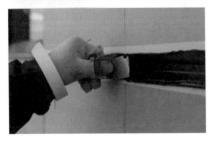	1. 墙体基层平整度满足安装要求。 2. 保温装饰板与墙体连接必须牢固可靠。 3. 当单块板面任意一边尺寸小于300mm时，在长边进行对称固定即可；当板面的两平行边尺寸都大于300mm时，必须采用四周固定。 4. 胶粘剂采用专用粘接砂浆，每平方米以内的粘接点不得少于5个，每个涂点直径不得小于50mm。 5. 保温装饰板系统粘贴好，位置确定后用专用扣件将保温装饰板固定于墙体上。专用扣件的最大距离小于或等于500mm，专用扣件与板边顶端的距离小于或等于180mm，专用扣件与墙边角距离大于或等于100mm，专用扣件安装齐全，压力适度。 6. 保温装饰板固定后，打专用硅酮耐候型密封胶。 

8.3　抹灰工程

子项名称	编号
抹灰工程	8-018

照片/CAD展示图	控制要点
 墙面冲筋  粉刷石膏	1. 抹灰前基层表面的尘埃、污垢和油渍等应清除干净，并应洒水湿润或进行界面处理；表面光滑的基层，抹灰前应做毛化处理。 2. 抹灰工程应分层进行。当抹灰总厚度大于或等于35mm时，应采取加强措施。不同材料基体交接处的抹灰应采取防止开裂的加强措施，当采用加强网时，加强网与各基体的搭接宽度不应小于100mm，装饰隔墙与原结构混凝土墙或二次结构墙的交接处钢丝网的搭接宽度不应小于200mm。 3. 当要求抹灰层具有防水、防潮功能时，应采用防水砂浆。 4. 各种砂浆抹灰层，在凝结前应防止快干、水冲、撞击、振动和受冻，在凝结后应采取措施防止沾污和损坏。水泥砂浆抹灰层应在湿润条件下养护。 5. 抹灰层与基层之间及各抹灰层之间应粘接牢固，抹灰层应无脱层和空鼓，面层应无爆灰和裂缝。 6. 原水泥砂浆抹灰墙面凹度较大或不垂直（平整）时，应在原砂浆墙面凹度较大处用粉刷石膏分层衬平，操作时先抹上灰饼再抹下灰饼，在水平或垂直方向各灰饼之间用底层石膏冲筋，反复搓平，上下吊垂直。应根据墙面基层平整度、装饰要求，设置标筋，竖标筋距离宜为1.2~1.5m。

子项名称	编号
钢骨架隔墙挂钢板网抹灰替代封水泥压力板挂钢丝网抹灰工艺	8－019

照片/CAD 展示图	控制要点
 钢架焊接  钢丝网固定  甩浆、抹灰	为避免卫生间水泥压力板隔墙贴砖发生空鼓、脱落现象，宜采用以下施工工艺。 1. 施工应按设计要求进行，钢龙骨分档不应与安装管、线末端冲突。 2. 应按确定的位置与分档进行钢骨架焊接安装，钢骨架的平直度应满足设计要求。钢骨架焊接处应进行焊渣清理与防锈处理。 3. 应使用螺钉钢制垫片将钢板网固定于钢骨架，钢板网规格宜选用 10mm×10mm×1.5mm（网格长×宽×钢丝直径），钢垫片外缘直径不宜小于 20mm，钻尾丝间距不宜大于 200mm，阴、阳角部位宜使用块状细钢丝网（10mm×10mm×0.8mm）做加强处理，钢丝网宽度每边不应小于 200mm。 4. 应使用建筑胶水掺水泥制作甩浆料，浆料应均匀地涂刷、充分包裹钢丝网。 5. 抹灰处理应在甩浆料强度达标后进行，抹灰应分层进行，首层抹灰厚度不宜大于 15mm，首层抹灰强度达标后再进行后续抹灰工作。

8.4 一般吊顶工程

子项名称	编号
一般吊顶工程	8－020

照片/CAD 展示图	控制要点
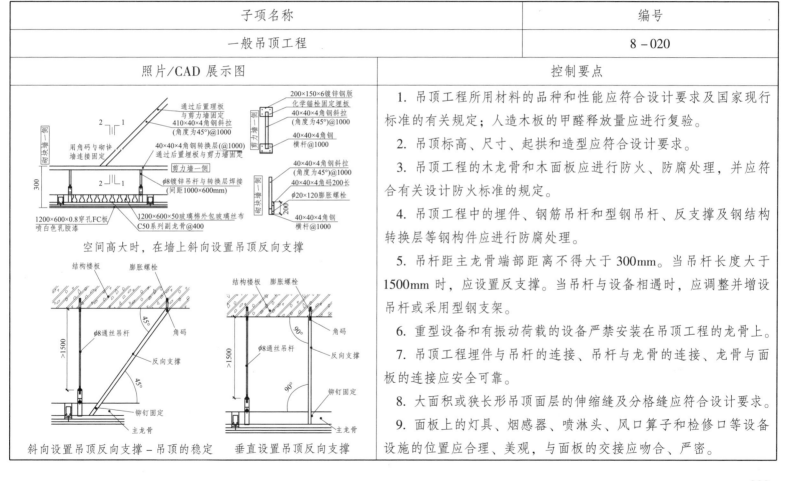 空间高大时，在墙上斜向设置吊顶反向支撑 斜向设置吊顶反向支撑－吊顶的稳定　　垂直设置吊顶反向支撑	1. 吊顶工程所用材料的品种和性能应符合设计要求及国家现行标准的有关规定；人造木板的甲醛释放量应进行复验。 2. 吊顶标高、尺寸、起拱和造型应符合设计要求。 3. 吊顶工程的木龙骨和木面板应进行防火、防腐处理，并应符合有关设计防火标准的规定。 4. 吊顶工程中的埋件、钢筋吊杆和型钢吊杆、反支撑及钢结构转换层等钢构件应进行防腐处理。 5. 吊杆距主龙骨端部距离不得大于300mm。当吊杆长度大于1500mm 时，应设置反支撑。当吊杆与设备相遇时，应调整并增设吊杆或采用型钢支架。 6. 重型设备和有振动荷载的设备严禁安装在吊顶工程的龙骨上。 7. 吊顶工程埋件与吊杆的连接、吊杆与龙骨的连接、龙骨与面板的连接应安全可靠。 8. 大面积或狭长形吊顶面层的伸缩缝及分格缝应符合设计要求。 9. 面板上的灯具、烟感器、喷淋头、风口箅子和检修口等设备设施的位置应合理、美观，与面板的交接应吻合、严密。

子项名称	编号
转角石膏板吊顶防开裂施工工艺	8－021

照片/CAD 展示图	控制要点
	1. 主龙骨安装应满足相关要求，主龙骨与吊杆应通过垂直吊挂件连接，吊杆长度大于 1500mm 时，应做反支撑加固处理，龙骨间距及起拱高度应满足吊顶面平整度要求。 2. 转角边框四角应增加斜撑龙骨。 3. 侧挂板转角处应采用自攻螺丝固定 0.8mm 厚镀锌铁片 90°包角加固。镀锌铁片高度同侧挂木基层板高度，每边转角宽度不小于 100mm。 4. 吊顶转角部位面板安装应采用套割工艺裁成"L"形板安装，"L"形转角板应采用整板裁切而成。 5. 第一层石膏板与第二层石膏面板之间应错缝铺贴，层间均匀涂刷白乳胶，接缝处满涂处理。

8.5 灯具、电气安装

子项名称	编号
重型吊装灯具安装	8－022

照片/CAD 展示图	控制要点
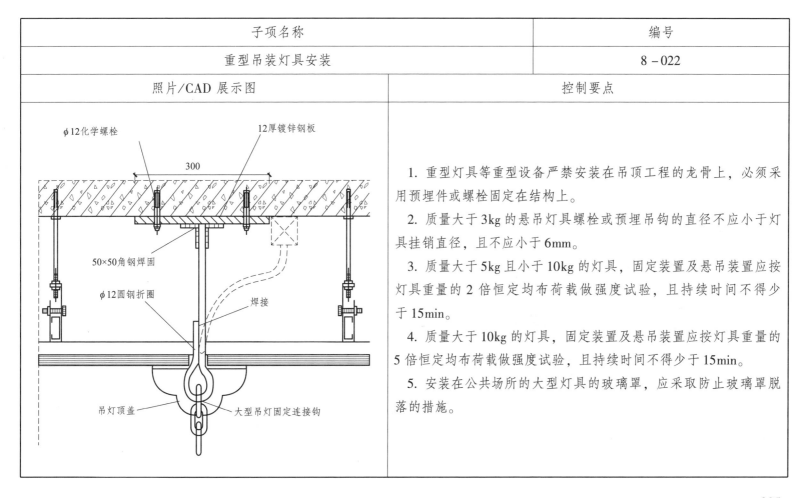	1. 重型灯具等重型设备严禁安装在吊顶工程的龙骨上，必须采用预埋件或螺栓固定在结构上。 2. 质量大于 3kg 的悬吊灯具螺栓或预埋吊钩的直径不应小于灯具挂销直径，且不应小于 6mm。 3. 质量大于 5kg 且小于 10kg 的灯具，固定装置及悬吊装置应按灯具重量的 2 倍恒定均布荷载做强度试验，且持续时间不得少于 15min。 4. 质量大于 10kg 的灯具，固定装置及悬吊装置应按灯具重量的 5 倍恒定均布荷载做强度试验，且持续时间不得少于 15min。 5. 安装在公共场所的大型灯具的玻璃罩，应采取防止玻璃罩脱落的措施。

子项名称	编号
装饰装修电气安装	8－023

照片/CAD 展示图	控制要点
接线头绕线规范　　暗盒辅助螺钉柱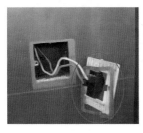可燃饰面插座、开关安装使用防火垫片	1. 建筑装饰装修工程的电气安装应符合设计要求。不得直接埋设电线。 2. 在建筑物闷顶内有可燃物时，应采用金属导管、金属槽、盒布线。 3. 当绝缘导管在砌体上剔槽埋设时，应采用强度等级不小于 M10 的水泥砂浆抹面保护，保护层厚度大于 15mm。 4. 当开关、插座和照明灯具靠近可燃烧物时，应采取隔热、散热等防火保护措施。与饰面板相连的暗盒，应加防火垫片。 5. 金属、非金属柔性导管敷设应符合下列规定。 （1）刚性导管经柔性导管与电气设备、器具连接，柔性导管的长度在动力工程中不大于 0.8m，在照明工程中不大于 1.2m。 （2）可挠金属管或其他柔性导管与刚性导管或电气设备、器具间的连接采用专用接头；复合型可挠金属管或其他柔性导管的连接处密封良好，防湿、防潮膜完整无损。 （3）可挠性金属导管和金属柔性导管不能做接地（PE）或接零（PEN）的接续导体。

8.6 自动喷淋头安装

子项名称	编号
自动喷淋头安装	8-024

照片/CAD 展示图	控 制 要 点
 室内吊顶灯具、烟感、喷淋头、广播、风口应做到成行成线	1. 喷头应布置在顶板或吊顶下易于接触到火灾热气流并有利于均匀布水的位置。当喷头附近有障碍物时，应符合《自动喷水灭火系统设计规范》（GB 50084—2017）的规定或增设补偿喷水强度的喷头。 2. 当净空高度大于800mm 的闷顶和技术夹层内有可燃物时，应设置喷头。 顶棚设备间距图

8.7 栏杆、栏板安装

子项名称	编号
栏杆、栏板	8 – 025

照片/CAD 展示图	控制要点
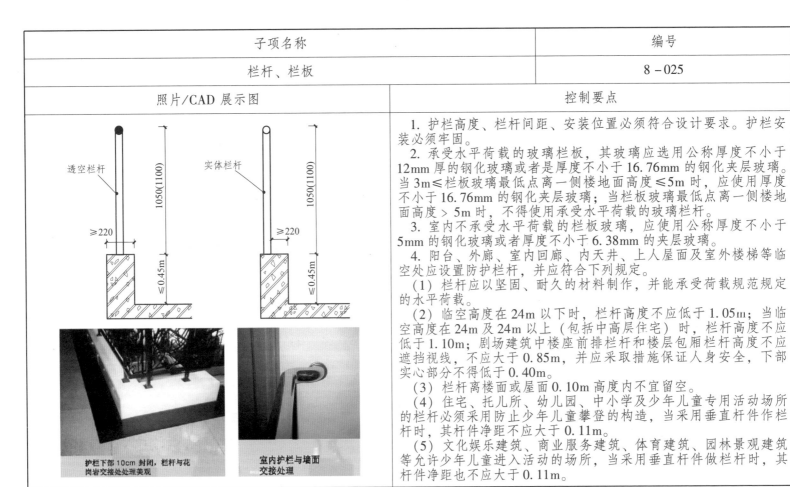 护栏下部10cm 封闭，栏杆与花岗岩交接处处理美观　　室内护栏与墙面交接处理	1. 护栏高度、栏杆间距、安装位置必须符合设计要求。护栏安装必须牢固。 2. 承受水平荷载的玻璃栏板，其玻璃应选用公称厚度不小于12mm 厚的钢化玻璃或者是厚度不小于16.76mm 的钢化夹层玻璃。当3m≤栏板玻璃最低点离一侧楼地面高度≤5m 时，应使用厚度不小于16.76mm 的钢化夹层玻璃；当栏板玻璃最低点离一侧楼地面高度＞5m 时，不得使用承受水平荷载的玻璃栏杆。 3. 室内不承受水平荷载的栏板玻璃，应使用公称厚度不小于5mm 的钢化玻璃或者厚度不小于6.38mm 的夹层玻璃。 4. 阳台、外廊、室内回廊、内天井、上人屋面及室外楼梯等临空处应设置防护栏杆，并应符合下列规定。 （1）栏杆应以坚固、耐久的材料制作，并能承受荷载规范规定的水平荷载。 （2）临空高度在24m 以下时，栏杆高度不应低于1.05m；当临空高度在24m 及24m 以上（包括中高层住宅）时，栏杆高度不应低于1.10m；剧场建筑中楼座前排栏杆和楼层包厢栏杆高度不应遮挡视线，不应大于0.85m，并应采取措施保证人身安全，下部实心部分不得低于0.40m。 （3）栏杆离楼面或屋面0.10m 高度内不宜留空。 （4）住宅、托儿所、幼儿园、中小学及少年儿童专用活动场所的栏杆必须采用防止少年儿童攀登的构造，当采用垂直杆件作栏杆时，其杆件净距不应大于0.11m。 （5）文化娱乐建筑、商业服务建筑、体育建筑、园林景观建筑等允许少年儿童进入活动的场所，当采用垂直杆件做栏杆时，其杆件净距也不应大于0.11m。

8.8 幕墙安装

子项名称	编号
玻璃幕墙、落地窗室内防护	8-026

照片/CAD 展示图	控制要点
	1. 当玻璃幕墙相邻的地面外缘无实体墙时，应设置防撞装置。 2. 与楼面相邻的幕墙玻璃为夹胶玻璃，且距楼面规定防护高度处有水平构件时，可不另外设防护栏杆。 3. 与楼面相邻的幕墙玻璃不是夹胶玻璃时，应加设护栏等防护措施。

子项名称	编号
框支承幕墙结构连接	8-027

照片/CAD展示图	控制要点

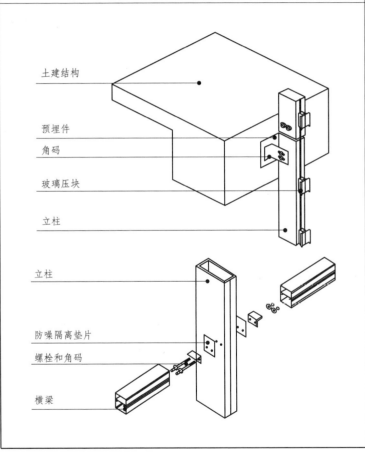

土建结构

预埋件

角码

玻璃压块

立柱

立柱

防噪隔离垫片

螺栓和角码

横梁

1. 幕墙立柱与主体混凝土结构应通过预埋件连接；当没有条件采用预埋件连接时，应采用其他可靠的连接措施，并通过实验确定其承载力。

2. 当幕墙构架与主体结构采用后加锚栓连接时，应符合现行《混凝土结构后锚固技术规程》（JGJ 145—2013）的规定。

3. 幕墙与砌体结构连接时，宜在连接部位的主体结构上增设钢筋混凝土或钢结构梁、柱。轻质填充墙不应作为幕墙的支承结构。

4. 主体结构或结构构件应能够承受幕墙传递的荷载和作用。连接件与主体结构的锚固承载力设计值应大于连接件本身的承载力设计值。与幕墙立柱连接的主体混凝土构件的混凝土强度等级不宜低于C30。

5. 幕墙立柱应采用螺栓与连接件连接，并通过连接件与预埋件或钢构件连接，立柱与连接件采用不同金属材料时应采用绝缘垫片分隔。

6. 连接件应进行承载力计算。受力的铆钉或螺栓，每处不得少于2个，连接螺栓应进行承载力计算，直径不应小于10mm。

7. 幕墙的连接部位，应采取措施防止产生摩擦噪声。构件式幕墙的立柱与横梁连接处应避免刚性接触，可设置柔性垫片或预留1~2mm的间隙，间隙内填胶。

8. 横梁应通过角码、螺钉或螺栓与立柱连接，角码应能承受横梁的剪力。螺钉直径不得小于4mm，每处连接螺钉数量不应少于3个，螺栓不应少于2个。横梁与立柱之间应有一定的相对位移能力。当幕墙立柱、横梁采用钢型材时，立柱与横梁之间可采用焊接连接，焊缝强度应满足要求。

子项名称	编号
幕墙结构胶	8－028

照片/CAD 展示图	控制要点

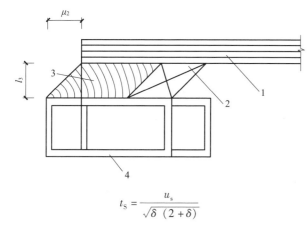

1—玻璃；2—垫条；3—硅酮结构密封胶；4—铝合金框
硅酮结构密封胶黏结厚度示意

$$t_S = \frac{u_s}{\sqrt{\delta\,(2+\delta)}}$$

1. 幕墙用硅酮结构密封胶的性能，应符合现行国家标准《建筑用硅酮结构密封胶》（GB 16776—2005）的规定。硅酮结构密封胶使用前，应经国家认可的检测机构进行与其相接处材料的相容性和剥离黏结性试验，并应对邵氏硬度、标准状态拉伸黏结性能进行复验。检验不合格的产品不得使用。进口硅酮结构密封胶应具有商检报告。

2. 隐框、半隐框幕墙所采用的结构黏结材料必须是中性硅酮结构密封胶，其性能必须符合《建筑用硅酮结构密封胶》（GB 16776—2005）的规定；硅酮结构密封胶必须在有效期内使用。

3. 硅酮结构密封胶应根据不同的受力情况进行承载力极限状态验算。硅酮结构密封胶的黏结宽度、厚度应根据结构计算确定，且黏结宽度不应小于7mm，黏结厚度不应小于6mm，黏结宽度宜大于厚度，但不宜大于厚度的2倍。隐框玻璃幕墙的硅酮结构密封胶的黏结厚度不应大于12mm。

4. 采用胶缝传力的全玻幕墙，其胶缝必须采用硅酮结构密封胶。

5. 除全玻幕墙外，不应在现场打注硅酮结构密封胶。应在洁净、通风的室内进行注胶，且环境温度、湿度条件应符合结构胶产品的规定（室内温度应在15℃以上、27℃以下，相对湿度50%以上）。

6. 同一幕墙工程应采用同一品牌的硅酮结构密封胶和硅酮耐候密封胶配套使用。

子项名称	编号
干挂石材工程	8-029

照片/CAD 展示图	控制要点
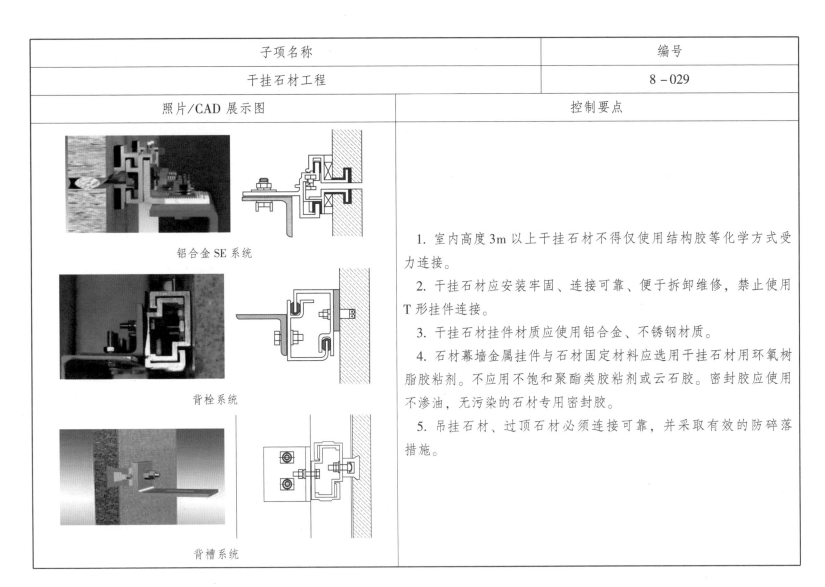铝合金SE系统 背栓系统 背槽系统	1. 室内高度3m以上干挂石材不得仅使用结构胶等化学方式受力连接。 2. 干挂石材应安装牢固、连接可靠、便于拆卸维修,禁止使用T形挂件连接。 3. 干挂石材挂件材质应使用铝合金、不锈钢材质。 4. 石材幕墙金属挂件与石材固定材料应选用干挂石材用环氧树脂胶粘剂。不应用不饱和聚酯类胶粘剂或云石胶。密封胶应使用不渗油,无污染的石材专用密封胶。 5. 吊挂石材、过顶石材必须连接可靠,并采取有效的防碎落措施。

子项名称	编号
玻璃幕墙开启扇	8－030

照片/CAD 展示图	控制要点
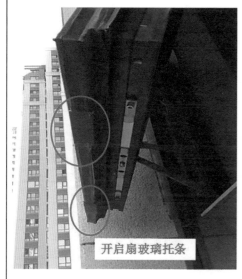 开启扇玻璃托条	1. 开启扇的开启角度不宜大于30°，开启距离不宜大于300mm。 2. 隐框或横向半隐框玻璃幕墙，每块玻璃的下端宜设置两个铝合金或不锈钢托条，托条应能承受该分格玻璃的重力荷载作用，且其长度不应小于100mm、厚度不应小于2mm、高度不应超出玻璃外表面。托条上应设置衬垫。中空玻璃的托条应托住外片玻璃。 3. 隐框中空玻璃开启扇，玻璃与开启扇框料间结构胶应与中空玻璃合片结构胶位置对正一致。 4. 开启扇应安装牢固，挂钩式开启扇应采取有效的防脱落措施。开启窗的窗框与窗扇合页（铰链）采用螺钉直接连接固定时，连接型材的局部壁厚不应小于螺钉的公称直径。当不满足时，应增加厚度不小于2.5mm。 5. 开启窗五金件的连接，宜采用不锈钢螺栓或实心铆钉紧固连接，其螺栓和铆钉的直径不应小于5mm。当采用螺钉直接与型材连接时，型材的局部壁厚不应小于连接螺钉公称直径的0.6倍。

子项名称	编号
安全玻璃	8-031

照片/CAD 展示图	控制要点
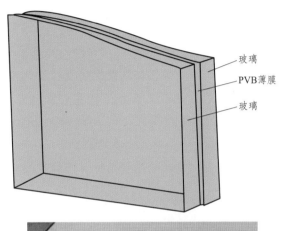 玻璃 PVB薄膜 玻璃 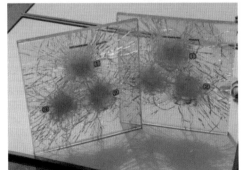	1. 安全玻璃，是指符合现行国家标准的钢化玻璃、夹层玻璃及由钢化玻璃或夹层玻璃组合加工而成的其他玻璃制品，如安全中空玻璃等。单片半钢化玻璃（热增强玻璃）、单片夹丝玻璃不属于安全玻璃。 2. 建筑物需要以玻璃作为建筑材料的下列部位必须使用安全玻璃。 （1）7 层及 7 层以上建筑物外开窗。 （2）面积大于 $1.5m^2$ 的窗玻璃或玻璃底边离最终装修面小于 500mm 的落地窗。 （3）幕墙。 （4）倾斜装配窗、各类天棚（含天窗、采光顶）、吊顶。 （5）观光电梯及其外围护。 （6）室内隔断、浴室围护和屏风。 （7）楼梯、阳台、平台走廊的栏板和中庭内拦板。 （8）用于承受行人行走的地面板。 （9）水族馆和游泳池的观察窗、观察孔。 （10）公共建筑物的出入口、门厅等部位。 （11）易遭受撞击、冲击而造成人体伤害的其他部位。 3. 钢化玻璃宜经过二次热处理。满足设计和使用功能的前提下可采用超白钢化玻璃、半钢化夹胶玻璃等其他安全玻璃代替普通钢化玻璃，以减少钢化玻璃自爆带来的安全隐患。

8.9 卫生器具安装

子项名称	编号
卫生器具安装	8-032

照片/CAD 展示图	控制要点
 	1. 卫生器具的安装应采用预埋螺栓或膨胀螺栓安装固定。 2. 卫生器具的支架、托架必须防腐良好，安装平整、牢固，与器具接触紧密、平稳。 3. 当构造内无存水弯的卫生器具与生活污水管道或其他可能产生有害气体的排水管道连接时，必须在排水口以下设存水弯。存水弯的水封深度不得小于50mm。严禁采用活动机械密封替代水封。 4. 台下盆安装应牢固并便于拆卸检修。台下盆应采用铁架承托，铁架应进行防腐处理，如下图所示。 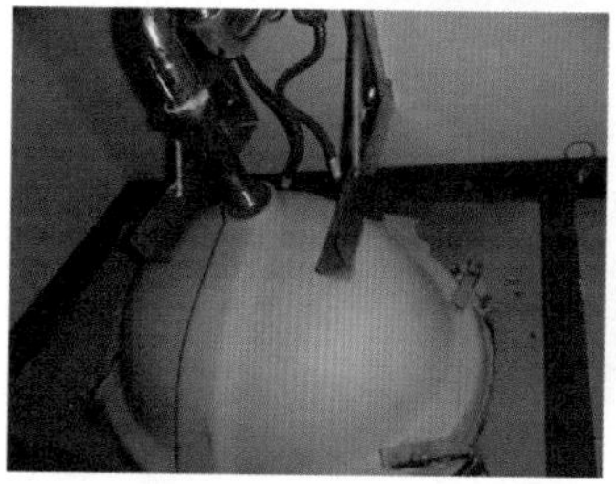 

8.10　室内暗消防箱安装

子项名称	编号
室内暗消防箱安装	8－033

照片/CAD 展示图	控制要点
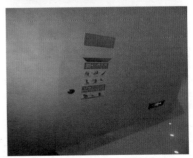	1. 室内消火栓的布置应符合下列规定。 （1）除无可燃物的设备层外，设置室内消火栓的建筑物，其各层均应设置消火栓。 （2）消防电梯间前室内应设置消火栓。 （3）室内消火栓应设置在位置明显且易于操作的部位。栓口离地面或操作基面高度宜为 1.1m，其出水方向宜向下或与设置消火栓的墙面成 90°角；栓口与消火栓箱内边缘的距离不应影响消防水带的连接。 2. 箱式消火栓的安装应符合下列规定。 （1）栓口应朝外，并不应安装在门轴侧。 （2）栓口中心距地面为 1.1m，允许偏差 ±20mm。 （3）阀门中心距箱侧面为 140mm，距箱后内表面为 100mm，允许偏差 ±5mm。 （4）消火栓箱体安装的垂直度允许偏差为 3mm。 3. 建筑的室内消火栓、阀门等设置地点应设置永久性固定标识。 4. 安装消火栓水龙带，水龙带与水枪和快速接头绑扎好后，应根据箱内构造将水龙带挂放在箱内的挂钉、托盘或支架上。 5. 装饰墙面嵌入式消防栓箱四周空隙应用阻燃材料进行封堵。

8.11 门窗安装

子项名称	编号
门窗安装	8-034

照片/CAD 展示图	控制要点
   	1. 门窗工程所用材料的品种和性能应符合设计要求及国家现行标准的有关规定；人造木板门的甲醛释放量，建筑外窗的气密性能、水密性能和抗风压性能应进行复验。 2. 门窗工程中的埋件、后置锚件、转接件等钢构件应进行防腐处理。 3. 金属门窗和塑料门窗安装应采用预留洞口的方法施工。 4. 木门窗与砖石砌体、混凝土或抹灰层接触处应进行防腐处理，埋入砌体或混凝土中的木砖应进行防腐处理。 5. 当金属窗或塑料窗为组合窗时，其拼樘料的尺寸、规格、壁厚应符合设计要求。 6. 建筑外门窗安装必须牢固。在砌体上安装门窗严禁采用射钉固定。 7. 推拉门窗扇必须牢固，必须安装防脱落装置。 8. 特种门安装除应符合设计要求外，还应符合国家现行标准的有关规定。 9. 门窗安全玻璃的使用应符合现行行业标准《建筑玻璃应用技术规程》（JGJ 113—2015）的规定。 10. 建筑外窗口的防水和排水构造应符合设计要求和国家现行标准的有关规定。

子项名称	编号
建筑外门窗安装（一）	8－035

照片／CAD 展示图	控 制 要 点
	1. 建筑节能门窗及其安装材料，节能门窗的气密性、保温性能、中空玻璃露点、玻璃遮阳系数和可见光透射比应符合设计要求及相关规范要求。 　2. 建筑节能门窗工程应采用预留洞口的方法施工，不得采用边安装边砌口或先安装后砌口的方法施工。 　3. 砌体墙洞口严禁采用射钉固定，应采用膨胀螺栓固定，并不得固定在砖缝处。 　4. 轻质砌块或加气混凝土墙洞口，应在门窗框与墙体的连接部位提前设置预埋件。 　5. 建筑门窗应采取有效的构造防水和密封防水措施。 　6. 建筑门窗玻璃镶嵌处采用胶条密封时，在窗型材上应设置排水孔及等压孔，排水孔的位置、数量及开口尺寸应满足排水要求。 　7. 门窗上楣的外口应做滴水，窗台应设置不小于 5% 的外排水坡度。门窗副框安装应满足以下要求（门窗副框安装一般是为门窗干法安装施工前做准备）。 　（1）副框安装应在洞口及墙体抹灰湿作业前完成，门窗安装应在洞口及墙体抹灰湿作业后进行。 　（2）副框材质及壁厚应符合设计要求，并应有相应的质量证明文件。 　（3）副框宜采用固定片与洞口墙体连接；固定片宜用 Q235 钢材，厚度不应小于 1.5mm，宽度不应小于 20mm，表面应做防腐处理。 　（4）副框与洞口墙体间连接应牢固可靠。 　（5）副框内缘应与抹灰后的洞口装饰面齐平。 　（6）副框制作、安装的允许偏差及要求应符合相关规范规定。 　（7）副框安装固定点位置及间距应满足设计要求。一般距角部的距离不大于 150mm，相邻固定点的中心距不大于 500mm，且每侧固定点不应少于 2 个；与墙体固定点的中心位置至墙体边缘距离不小于 50mm。

子项名称	编号
建筑外门窗安装（二）	8－036

照片/CAD 展示图	控制要点

铝合金压条
铝合金平开门扇
铝合金平开门边框
1.5厚镀锌钢板固定片(宽度≥20)
固定点中心距≤400
硬质橡胶垫块（调整后拆除）
填充发泡剂
16
35
40

门窗的安装一般分为干法施工方式和湿法施工方式两种。

一、门窗采用干法安装时，应符合下列要求

1. 建筑门窗宽度、高度大于 1500mm 时，门窗框与副框四周间隙应按门窗材料的热膨胀系数调整间隙值。一般四周间隙宜控制在 5～8mm。

2. 铝合金门窗安装采用钢副框时，连接处应采取防止双金属腐蚀的措施。

3. 门窗框与副框之间安装固定点位置及中心距应满足设计要求，一般距角部的距离不大于 150mm。其余部位的中心距不大于 400mm 外，还应考虑在窗框受力杆件中心位置两侧 100mm 内设置固定点。

4. 门窗框与副框间宜采用安装调整器、紧固件固定，安装调整器必须正确使用；未采用调整器的应加装防腐垫片等绝缘措施隔离保证四周间隙适当。

二、门窗采用湿法安装时，应符合下列规定

1. 窗框采用固定片与洞口墙体连接；固定片宜用 Q235 钢材，厚度不应小于 1.5mm，宽度不应小于 20mm，表面应做防腐处理，门窗框安装应在洞口及墙体抹灰湿作业前完成。

2. 门窗框与洞口之间安装固定点位置及中心距应满足设计要求，一般距角部的距离不大于 150mm，其余部位的中心距不大于 500mm 外，还应考虑在窗框受力杆件中心位置两侧 100mm 内设置固定点。

3. 门窗框与洞口缝隙，应采用保温、防潮且无腐蚀性的软质材料填塞密实；使用聚氨酯泡沫填缝胶时，施工前应清除黏结面的灰尘，墙体黏结面进行淋水处理。

4. 与水泥砂浆接触的金属门窗框应进行防腐处理。

5. 湿法抹灰施工前，应对外露金属表面进行保护。

6. 门窗下框应有有效的支垫措施，防止下框下沉，其支垫间距不应大于 500mm，中竖框处及下框中部应加设支垫。

第9章 给排水及采暖工程

9.1 管道安装符合设计和规范要求

子项名称	编号
钢管焊接连接施工	9－001
照片/CAD 展示图	控制要点
	1. 钢制管道焊接连接时，为了保证焊接质量，焊接前需要打坡口。 2. 当管道壁厚在 1~6mm 时，选用 I 形坡口，间隙 0~1.5mm；当管径大于 6mm 时，选用 Y 形坡口，间隙 0－2mm，坡口角度65°左右。 3. 焊缝应焊满，高度不低于母材表面，焊缝与母材圆滑过渡，焊波均匀。

子项名称	编号
PPR 塑料管连接	9－002

照片/CAD 展示图	控制要点
	1. 熔接时正常熔接温度为 260～290℃，不能偏差过大。 2. 管材切割采用专用管剪切断，断面同管轴线垂直，断口无毛刺，熔接前整圆。 3. 连接前应先清除管道及附件上的灰尘及异物，热熔焊接时，切勿旋转。 4. 控制好插入深度，不能出现缩颈，熔接圈均匀、光滑。

子项名称	编号
采暖立管波纹补偿器安装	9-003

照片/CAD 展示图	控制要点
  	1. 采暖主立管上的波纹补偿器安装应按照图纸设计位置设置固定支架和导向支架。 2. 波纹补偿器一端的固定支架必须满足设计管段的受力要求，且须焊接固定。 3. 波纹补偿器另一端设置导向支架，第一个导向支架与波纹补偿器端面的间距不超过管径的 4 倍，第二个导向支架与第一个导向支架的间距不超过管径的 14 倍。 4. 采暖立管安装完成后，应解除波纹补偿器伸缩限位装置。

子项名称	编号
室内水表安装	9-004

照片/CAD 展示图	控 制 要 点
	1. 水表安装应便于检修，不受暴晒、冻结的地方。 2. 安装螺翼式水表，表前与阀门应有不小于8倍水表接口直径的直线管段。 3. 在阀门和水表处安装支架固定，安装在不采暖房间应做好保温。

子项名称	编号
地板采暖安装（一）	9－005

照片/CAD 展示图	控制要点
  塑料卡钉　　　　地面层 热水加热管DN16　　豆石混凝土层 铝箔反射膜　　　　结构层 边角保温层 保温层(保温板)　　伸缩缝 地暖加热管的湿法安装剖面图	1. 加热管距离外墙内表面不得小于100mm，距离内墙宜为200～300mm，管间距误差不应大于10mm，加热管应设置固定装置，弯头两端设固定卡，中间固定间距500～700mm。 2. 埋设于填充层内的加热盘管不应有接头，弯曲管道不得出现"死折"，塑料管弯曲半径不应小于管道外径的8倍，复合管弯曲半径不应小于管道外径6倍，加热管的最大弯曲半径不得大于管道外径的11倍。 3. 当地面面积超过30m² 或边长超过6m 时，应安装不大于6m 间距设置伸缩缝，伸缩缝宽度不小于8mm，宜采用高发泡聚乙烯泡沫塑料板。 4. 卫生间应做两层隔离层，过门处应设置止水墙（门槛）。 5. 当分集水器部位加热管较密集时，应在加热管外部设置柔性套管，为防止填充层开裂，在柔性套管上部宜铺设钢丝网片。

子项名称	编号
地板采暖安装（二）	9-006

照片/CAD 展示图	控制要点
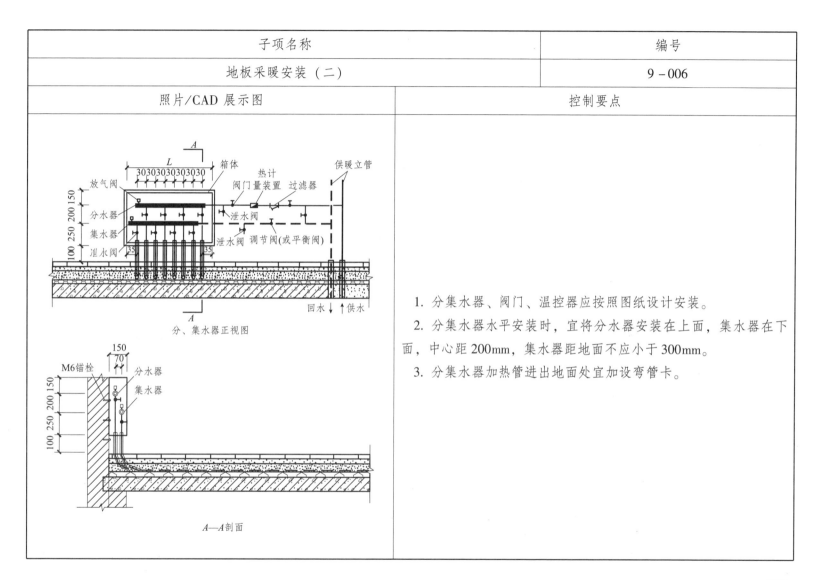	1. 分集水器、阀门、温控器应按照图纸设计安装。 2. 分集水器水平安装时，宜将分水器安装在上面，集水器在下面，中心距 200mm，集水器距地面不应小于 300mm。 3. 分集水器加热管进出地面处宜加设弯管卡。

子项名称	编号
管道电伴热保温安装	9-007

照片/CAD展示图	控制要点
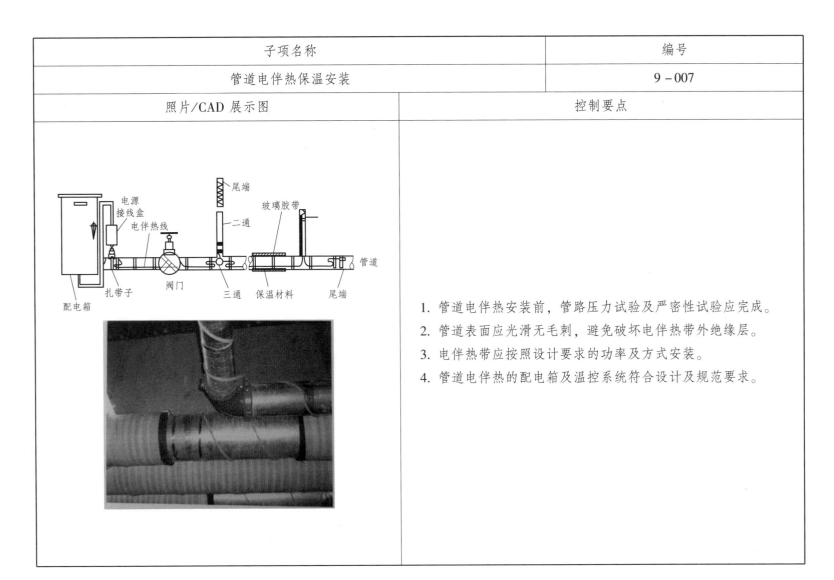	1. 管道电伴热安装前，管路压力试验及严密性试验应完成。 2. 管道表面应光滑无毛刺，避免破坏电伴热带外绝缘层。 3. 电伴热带应按照设计要求的功率及方式安装。 4. 管道电伴热的配电箱及温控系统符合设计及规范要求。

9.2 地漏水封深度符合设计和规范要求

子项名称	编号
地漏安装	9－008

照片/CAD 展示图	控制要点
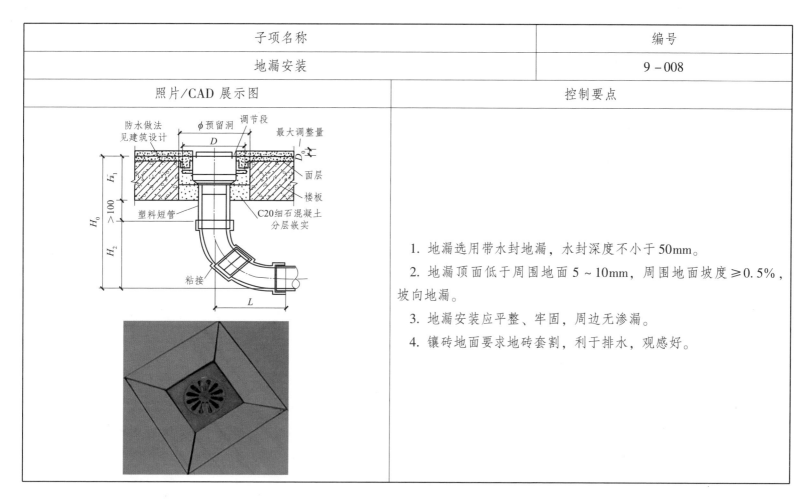	1. 地漏选用带水封地漏，水封深度不小于50mm。 2. 地漏顶面低于周围地面 5～10mm，周围地面坡度≥0.5%，坡向地漏。 3. 地漏安装应平整、牢固，周边无渗漏。 4. 镶砖地面要求地砖套割，利于排水，观感好。

9.3 PVC 管道的阻火圈安装符合设计和规范要求

子项名称	编号
阻火圈安装	9-009

照片/CAD 展示图	控制要点
	1. 明敷 UPVC 管道的立管管径≥110mm 时，在楼板贯穿部位应设阻火圈。 2. 明敷 UPVC 管道的横支管与暗设立管相连接的贯穿墙体部位应设置阻火圈。 3. 横管穿越防火分区隔墙时，管道穿越墙体两侧均应设置阻火圈。 4. UPVC 排水通气管穿越上人屋面或火灾时作为疏散人员的屋面，应在屋面板底部设置阻火圈。 5. 阻火圈的耐火极限不应小于安装部位建筑构件的耐火极限，楼板底安装时应固定。

子项名称	编号
伸缩节安装	9 - 010

照片/CAD 展示图	控制要点

排水塑料管必须按照设计要求设置，伸缩节的布置应以不影响或少影响汇合部位相连通的管道产生位移为准则，其安装位置应符合以下规定。

1. 层高小于或等于 4m、穿越楼层为固定支承时，每层均应设置；层高大于 4m 时，其数量应根据管道的设计计算伸缩量和伸缩节允许伸缩量计算确定。

2. 当有横管接入时，汇合管件在楼板下部，应在汇合部位的下方设伸缩节，汇合管件靠地面时，应在汇聚合配件上部设伸缩节。

3. 当无横管接入时，宜离地 1.0 ~ 1.2m 设伸缩节。

4. 如设计无要求，伸缩节间距不得大于 4m。

5. 采用黏结连接横管的伸缩节，应采用承压式伸缩节。

6. 管道插入伸缩节内应预留伸缩余量，夏季为 5 ~ 10mm，冬季为 15 ~ 20mm。

9.4 管道穿越楼板、墙体时的处理符合设计和规范要求

子项名称	编号
管道穿越楼板安装	9-011

照片/CAD 展示图	控制要点
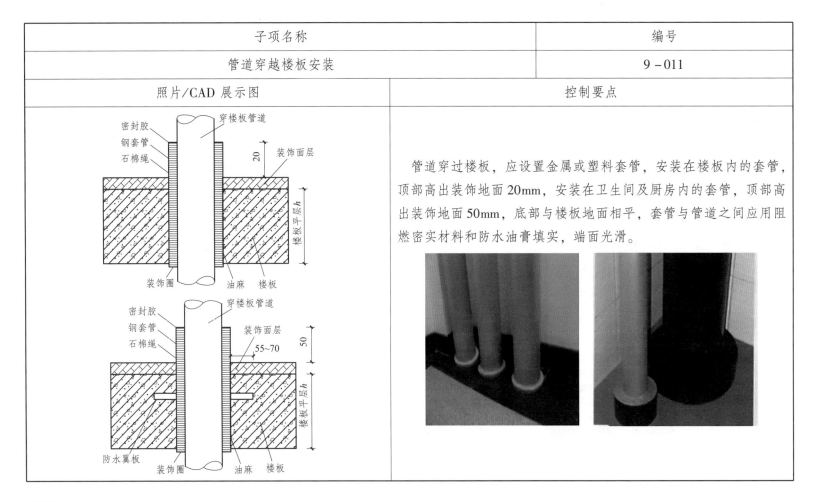	管道穿过楼板，应设置金属或塑料套管，安装在楼板内的套管，顶部高出装饰地面20mm，安装在卫生间及厨房内的套管，顶部高出装饰地面50mm，底部与楼板地面相平，套管与管道之间应用阻燃密实材料和防水油膏填实，端面光滑。

子项名称	编号
管道穿越墙面安装	9－012

照片/CAD 展示图	控 制 要 点
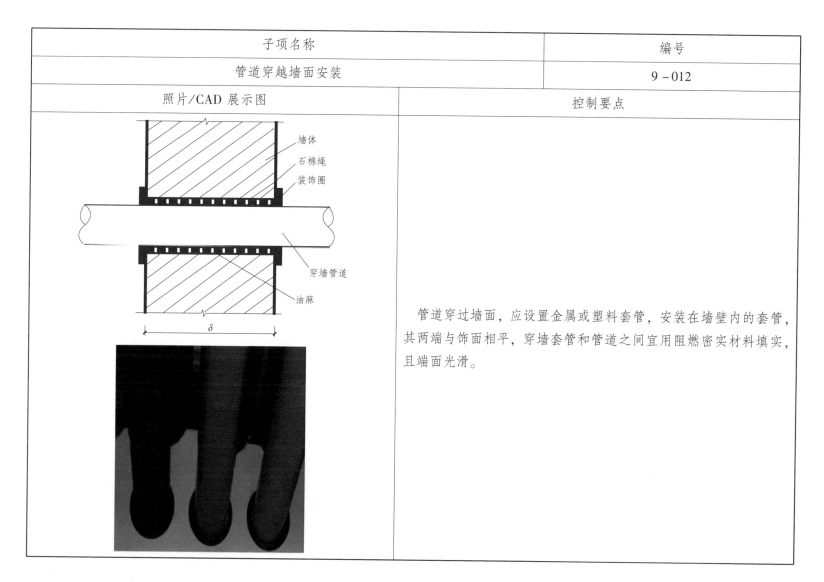	管道穿过墙面，应设置金属或塑料套管，安装在墙壁内的套管，其两端与饰面相平，穿墙套管和管道之间宜用阻燃密实材料填实，且端面光滑。

9.5 防水套管安装符合设计和规范要求

子项名称	编号
柔性防水套管安装	9-013

照片/CAD 展示图	控制要点

控制要点

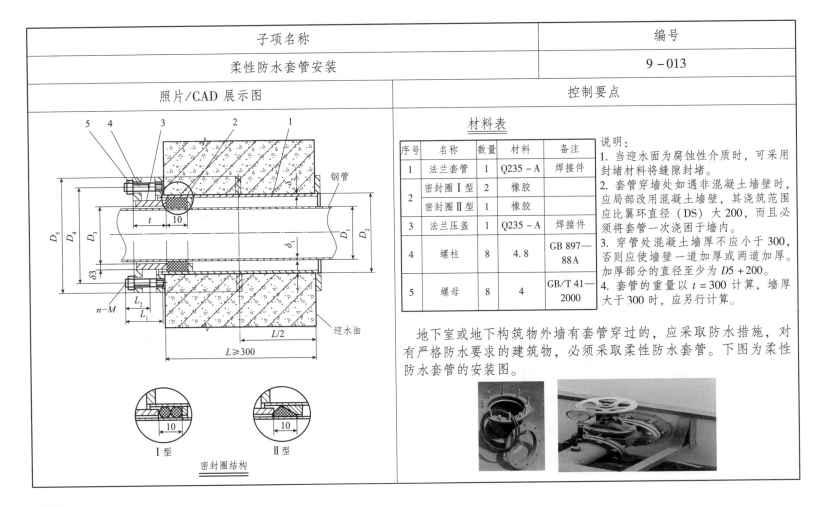

材料表

序号	名称	数量	材料	备注
1	法兰套管	1	Q235-A	焊接件
2	密封圈Ⅰ型	2	橡胶	
	密封圈Ⅱ型	1	橡胶	
3	法兰压盖	1	Q235-A	焊接件
4	螺柱	8	4.8	GB 897—88A
5	螺母	8	4	GB/T 41—2000

说明:
1. 当迎水面为腐蚀性介质时,可采用封堵材料将缝隙封堵。
2. 套管穿墙处如遇非混凝土墙壁时,应局部改用混凝土墙壁,其浇筑范围应比翼环直径(DS)大200,而且必须将套管一次浇固于墙内。
3. 穿管处混凝土墙厚不应小于300,否则应使墙壁一道加厚或两道加厚。加厚部分的直径至少为 D5+200。
4. 套管的重量以 $t=300$ 计算,墙厚大于300时,应另行计算。

　　地下室或地下构筑物外墙有套管穿过的,应采取防水措施,对有严格防水要求的建筑物,必须采取柔性防水套管。下图为柔性防水套管的安装图。

9.6 室内外消火栓安装符合设计和规范要求

子项名称	编号
室内消火栓安装	9－014

照片/CAD 展示图	控制要点
	1. 侧入口消火栓口应朝下，下入口消火栓口应朝外，箱体尺寸不满足安装要求时，可采用旋转消火栓，且不应安装在门轴测。 2. 消火栓明装时，箱门开启角度不应小于175°，消火栓暗装时，箱门开启角度不应小于160°。 3. 消火栓箱体不可随意手工切割开口，管道入口采用装饰环封堵。 4. 室内消火栓系统安装完成后应在屋顶层（或水箱间内）和首层取两处消火栓做试射试验，达到设计要求为合格。

子项名称	编号
室外水泵接合器安装（一）	9-015

照片/CAD 展示图	控制要点
	1. 地上式水泵接合器安装，接口中心距地700mm，安装位置有明显标识，阀门位置应便于操作，附近不得有障碍物。 2. 墙壁消防水泵接合器的安装高度距地面宜为700m；与墙面上的门、窗、孔、洞的净距离不应小于2.0m，且不应安装在玻璃幕墙下方。

子项名称	编号
室外水泵接合器安装（二）	9-016

照片/CAD 展示图	控制要点
铭牌	地下消防水泵接合器的安装，应使进水口与井盖底面的距离 $H \leqslant 0.40\mathrm{m}$，且不应小于井盖的半径 R。

9.7 水泵安装牢固，平整度、垂直度等符合设计和规范要求

子项名称	编号
卧式水泵安装（有隔振）	9-017

照片/CAD 展示图	控制要点
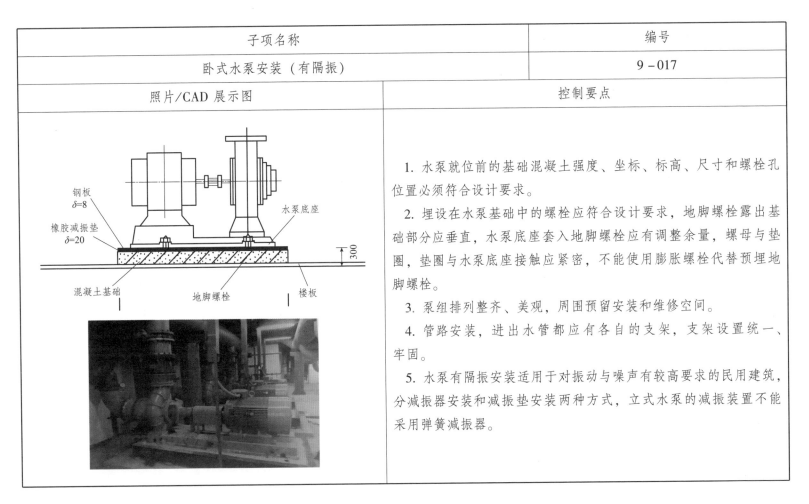	1. 水泵就位前的基础混凝土强度、坐标、标高、尺寸和螺栓孔位置必须符合设计要求。 2. 埋设在水泵基础中的螺栓应符合设计要求，地脚螺栓露出基础部分应垂直，水泵底座套入地脚螺栓应有调整余量，螺母与垫圈、垫圈与水泵底座接触应紧密，不能使用膨胀螺栓代替预埋地脚螺栓。 3. 泵组排列整齐、美观，周围预留安装和维修空间。 4. 管路安装，进出水管都应有各自的支架，支架设置统一、牢固。 5. 水泵有隔振安装适用于对振动与噪声有较高要求的民用建筑，分减振器安装和减振垫安装两种方式，立式水泵的减振装置不能采用弹簧减振器。

子项名称	编号
立式水泵安装（有隔振）	9-018

照片/CAD展示图

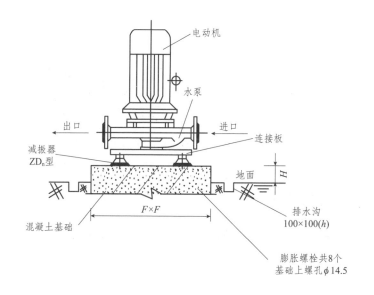

子项名称	编号
水泵无隔振安装	9－019

照片/CAD 展示图	控制要点
	无隔振水泵安装适用于工业建筑及对振动与噪声要求不高的民用建筑。

9.8 仪表阀门安装符合设计和规范要求

子项名称	编号
压力表安装	9－020

照片/CAD 展示图	控制要点
 (a) (b) 1—压力表；2—旋塞阀；3—表弯	1. 压力表测量上限的选择原则，当压力表在测量稳定的压力时，测量值不要超过测量上限值的2/3，在测量波动压力时，测量值不要超过测量上限值的1/2，在上述两种情况时，测量值最低不要低于测量上限值的1/3。 2. 压力表分支管与干管焊接间距不得大于2mm，并不得将分支管插入干管的管孔中，分支管的管端应加工成马鞍形。 3. 压力表存水弯管，采用钢管内径不小于10mm，采用铜管内径不小于6mm。

子项名称	编号
阀门安装前强度和严密性试验	9－021

照片/CAD 展示图	控制要点
	阀门安装前，应做强度和严密性试验。试验应在每批（同牌号、同型号、同规格）数量中抽查 10%，且不少于 1 个。对于安装在主干管上起切断作用的闭路阀门，应逐个做强度和严密性试验。

子项名称	编号
阀门、仪表安装	9-022

照片/CAD 展示图	控制要点
	同一房间内的阀门仪表安装，排列整齐、高度一致，阀门位置便于开启，保温材料外形平整，与阀门部件紧密贴合，无褶皱、勒痕，接缝严密、整齐划一。

9.9 生活水箱安装符合设计和规范要求

子项名称	编号
生活水箱安装	9-023

照片/CAD 展示图	控制要点
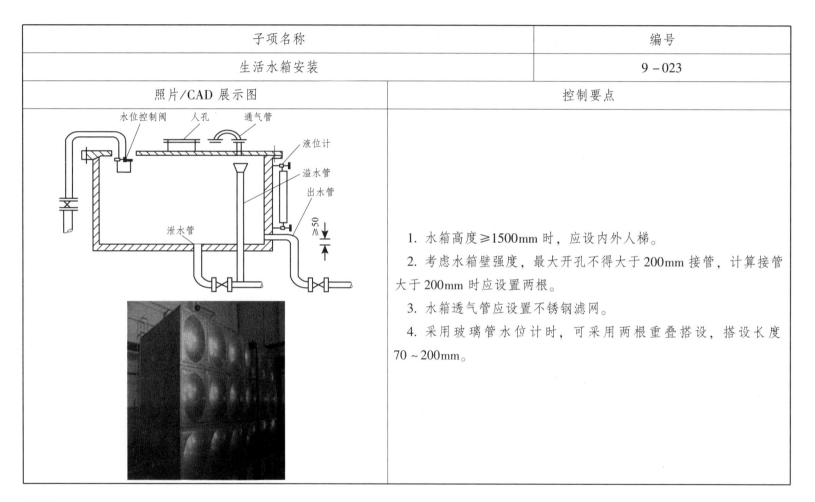	1. 水箱高度≥1500mm 时，应设内外人梯。 2. 考虑水箱壁强度，最大开孔不得大于200mm 接管，计算接管大于200mm 时应设置两根。 3. 水箱透气管应设置不锈钢滤网。 4. 采用玻璃管水位计时，可采用两根重叠搭设，搭设长度70～200mm。

9.10 气压给水或稳压系统应设置安全阀

子项名称	编号
隔膜式气压罐安装	9-024

照片/CAD 展示图	控制要点
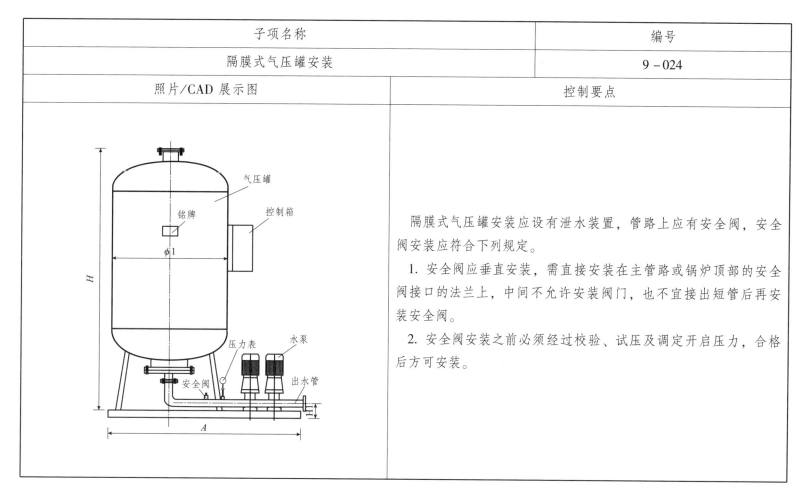	隔膜式气压罐安装应设有泄水装置，管路上应有安全阀，安全阀安装应符合下列规定。 　1. 安全阀应垂直安装，需直接安装在主管路或锅炉顶部的安全阀接口的法兰上，中间不允许安装阀门，也不宜接出短管后再安装安全阀。 　2. 安全阀安装之前必须经过校验、试压及调定开启压力，合格后方可安装。

子项名称	编号
安全阀安装	9 – 025

照片/CAD 展示图	控 制 要 点
	安全阀安装应符合下列规定。 1. 安全阀应垂直安装，安全阀须直接安装在锅炉顶部的安全阀接口的法兰上，中间不允许安装阀门，也不宜接出短管后再安装安全阀。 2. 安全阀安装之前必须经过校验、试压及调定开启压力，合格后方可安装。 3. 安全阀与锅炉或压力容器之间的连接管和管件的通孔，截面面积不得小于安全阀的进口截面面积。

第10章　通风与空调工程

10.1　风管制作安装

子项名称	编号
法兰风管制作安装	10－001

照片/CAD 展示图	控制要点
	1. 风管连接对接平行、严密，板面拼接咬口缝严密、宽度一致，无孔洞、半咬口和涨裂现象，并且不得有十字交叉的拼接缝。 2. 风管与法兰连接牢固，翻边平整，宽度不小于6mm，翻边不得覆盖螺栓孔和紧贴法兰。 3. 风管折角平直，圆弧均匀，两端面平行，无扭曲和无翘角，表面平整，凹凸不大于8mm。 4. 中低压系统风管法兰的螺栓孔及铆钉孔距不得大于150mm，高压系统不应大于100mm，矩形风管四个角设有螺栓。 5. 连接法兰的螺栓布置间距均匀，螺母松紧程度一致均布置在同一侧，风管接口的连接严密、牢固，风管法兰的垫片材质符合系统功能的设计要求，垫片放置没有凹入管内，亦不凸出法兰外且平整无扭曲现象。

子项名称	编号
无法兰风管制作安装	10－002

照片/CAD 展示图	控制要点
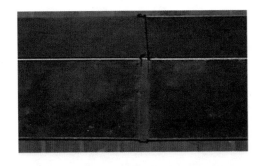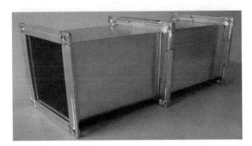	1. 采用 C 形平插条连接的风管边长不应大于 630mm，插条与风管加工插口的宽度匹配一致，允许偏差 2mm，连接平整、严密，插条两端压倒长度不小于 20mm。 2. 风管长边尺寸在 630～1000mm 时，采用共板法兰连接。风管直接在生产线上压筋加固，排列应规则，间隙应均匀，板面不应有明显的变形。 3. 共板风管法兰的 4 个法兰角连接须用玻璃胶密封防漏，联合咬口离法兰角向下 80mm 的地方需用玻璃胶密封防漏，密封胶应设在风管的正压侧。

子项名称	编号
复合风管制作安装	10－003

照片/CAD 展示图	控制要点

1. 风管安装应平直、整齐，对接平行、严密，连接处接缝牢固，无孔洞和开裂现象，当采用插接连接时，接口应匹配、无松动，端口缝隙不大于5mm。

2. 复合风管的覆面材料必须为不燃材料，内部绝热材料为不燃或难燃材料，且有对人体无害的有效证明。

3. 成型风管及风管板材，切忌外力触碰，并妥善保管，如有损坏需正确修补。

4. 风管之间的接口处必须使用合格的修补胶和连接剂，并确保其紧密性。

5. 设备连接处需加置法兰，紧固和密封，风量调节阀、防火阀等处必须单独吊挂或支撑。

6. 支吊架的安装宜按产品技术标准的规定及国家相关规范执行。

专用胶

专用胶

专用胶

专用胶

子项名称	编号
风管支吊架安装	10－004

照片/CAD 展示图	控制要点
	1. 吊杆尺寸及横担要根据风管尺寸选择合适规格。 2. 支吊架间距要符合设计及规范要求。 3. 保温风管要有隔热垫层。 4. 螺栓孔必须机械开孔。 5. 吊架吊杆应垂直安装，支吊架角钢、槽钢朝向一致。 6. 吊杆与风管之间距离，不保温风管为 30mm，保温风管为 50mm。 7. 保温风管应加木托，木托厚度不小于保温材料厚度。 8. 支架不宜设置在风口、检查口、执行结构处，离风口或插接管距离不小于200mm。 9. 当风管弯头、三通、四通等管件的直径或长度大于400mm时，单独设置支吊架。

子项名称	编号
风管软连接	10 – 005

照片/CAD 展示图	控制要点
	1. 风管软连接材料含氧指数必须符合设计要求。 2. 柔性短管或软连接的长度宜为 150～250mm。 3. 不得使用软连接做变径管。 4. 用于排烟系统的软连接材料必须为 A 级不燃材料，柔性短管的安装松紧适度，无明显扭曲。 5. 紧固螺栓布置间距均匀。 6. 末端金属软管及非金属软管的长度不应大于 2m，并不应有死弯或塌凹。 7. 如要翻边，柔性短管压边为镀锌材料。

子项名称	编号
风管出屋面安装	10－006

照片/CAD 展示图	控制要点
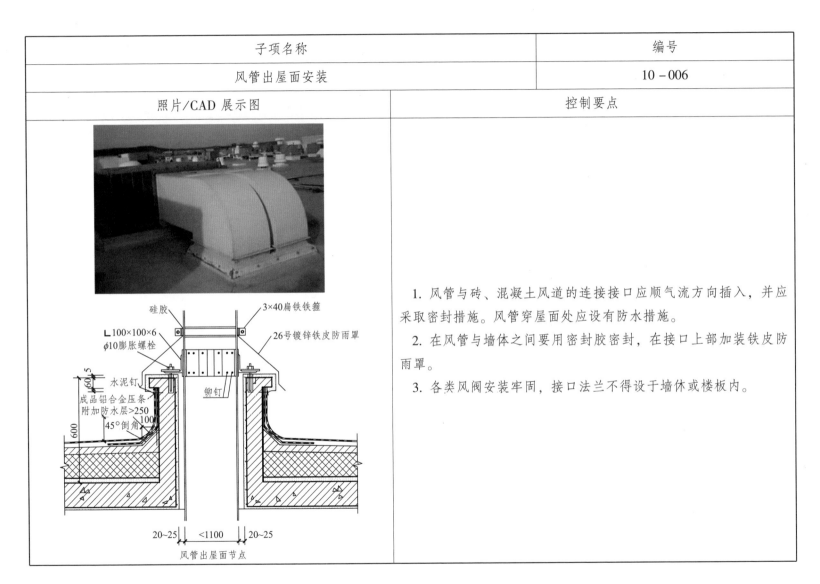	1. 风管与砖、混凝土风道的连接接口应顺气流方向插入，并应采取密封措施。风管穿屋面处应设有防水措施。 2. 在风管与墙体之间要用密封胶密封，在接口上部加装铁皮防雨罩。 3. 各类风阀安装牢固，接口法兰不得设于墙体或楼板内。

子项名称	编号
风管穿防火墙安装	10-007

照片/CAD 展示图	控制要点

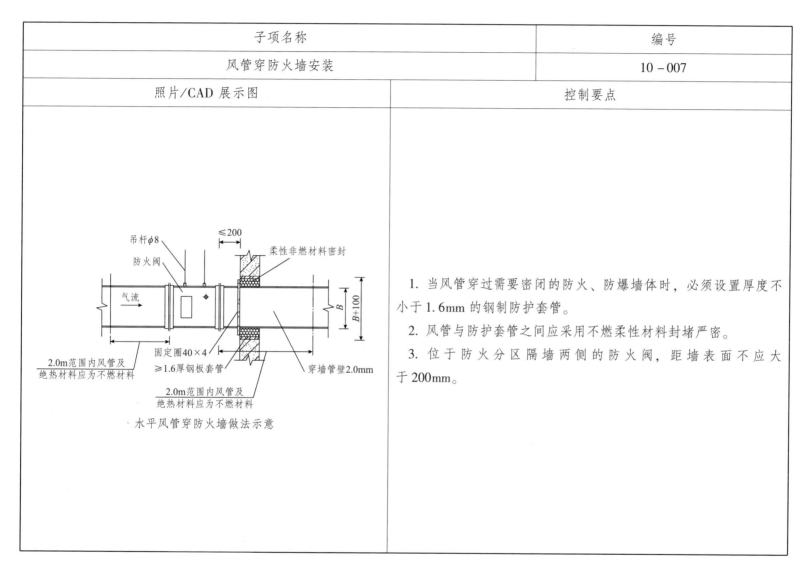

水平风管穿防火墙做法示意

1. 当风管穿过需要密闭的防火、防爆墙体时，必须设置厚度不小于1.6mm的钢制防护套管。

2. 风管与防护套管之间应采用不燃柔性材料封堵严密。

3. 位于防火分区隔墙两侧的防火阀，距墙表面不应大于200mm。

251

10.2　部件安装

子项名称	编号
防火阀安装	10－008

照片/CAD 展示图	控制要点
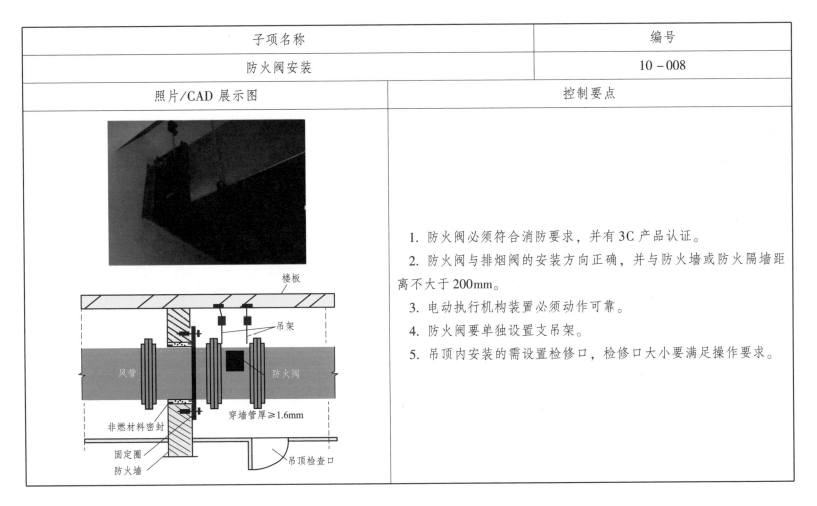	1. 防火阀必须符合消防要求，并有 3C 产品认证。 2. 防火阀与排烟阀的安装方向正确，并与防火墙或防火隔墙距离不大于 200mm。 3. 电动执行机构装置必须动作可靠。 4. 防火阀要单独设置支吊架。 5. 吊顶内安装的需设置检修口，检修口大小要满足操作要求。

子项名称	编号
排烟口安装	10－009

照片/CAD 展示图	控制要点
	1. 排烟口设在顶棚或靠近顶棚的墙面上，与附近安全出口边缘之间的最小水平间距不小于1.5m。 2. 设在顶棚上的排烟口，距离可燃构件或可燃物的距离不小于1m。 3. 排烟口距离该防烟分区内的最远点的水平距离不超过30m。 4. 设置在高处的排烟口，其执行机构要设置在便于人员操作的位置。 5. 排烟口平时常闭，手动或自动开启装置运作灵活。 6. 风口方正与装饰面紧贴，风口及执行机构处干净、整洁。

子项名称	编号
风口安装	10 -010

照片/CAD 展示图	控制要点
	1. 风口安装位置正确，与顶板接触紧密。 2. 风口百叶调整灵活。 3. 水平安装风口水平度不大于3‰，成列风口总偏差不大于20mm，垂直安装风口的垂直度不大于2‰，成排风口总偏差不大于20mm。 4. 风口安装与连接管连接紧密，牢固，与饰面紧贴，表面平整不变形，调节灵活。 5. 同一房间内的相同种类的风口安装高度一致，排列整齐。

10.3 设备安装

子项名称	编号
落地风机安装	10 –011

照片/CAD 展示图	控制要点
	1. 风机规格型号符合设计要求，出口正确。 2. 叶轮旋转平稳，停转后每次不应停在同一位置。 3. 风机地脚螺栓要拧紧，要有防松动措施。 4. 地面减振器应平、正、牢固，落地安装的风机减振不得被灰浆覆盖，减振器承载压缩量均匀，不超过2mm。 5. 风机软接头松紧适度，接口严密，不得错位、扭曲、破损，不得作为变径管使用，而且应满足防火要求。 6. 与室外大气接触的风机入口应设防护网等防虫、鸟设施。

子项名称	编号
吊装风机安装	10－012

照片/CAD 展示图	控制要点
	1. 风机规格型号符合设计要求，出口正确。 2. 叶轮旋转平稳，无明显振动和噪声。 3. 风机软接头松紧适度，接口严密，不得错位、扭曲、破损，不得作为变径管使用，而且应满足防火要求。 4. 风机吊装必须单独设置吊架，四个吊杆应垂直相互平行，吊架与风机连接处应上加背母下加双母，并加橡胶减振垫或采用减振吊架。 5. 与室外大气接触的风机入口应设防护网等防虫、鸟设施。

子项名称	编号
屋顶风机风帽安装	10－013

照片/CAD 展示图	控制要点
	1. 屋顶风机安装的基础必须高出屋面完成面300mm及以上，风机底座与基础之间加垫橡胶板以减少振动。 2. 风机调试前应详细检查各部件，转动叶轮应无呆滞和卡、擦现象。 3. 开始运转72h后及每隔半年，应检查风机连接件、紧固件是否松动。

子项名称	编号
风机盘管安装	10-014

照片/CAD 展示图	控制要点
	1. 风机盘管冷凝水管与排放口之间的连接软管长度不得超过300mm，坡度满足设计要求。 2. 风盘及风柜的检修口位置满足更换电机、皮带、清理滤网、检修进出水阀门、过滤器等检修条件。 3. 应设置回风静压箱，滤网方便拆卸杜绝无回风箱、无回风口、假回风口等各种不连接等情况出现。 4. 送风管，回风管与风口连接应采用硬连接方式。个别风口无法满足硬连接，可采用可伸缩性金属软管，长度不宜超过2m，并不应有死弯或塌凹。或采用柔性非金属软管，应松紧适度，长度为150~250mm，不得有扭曲、受力现象，不得用柔性软管作变径管使用。 5. 吊柜式机组安装减振需符合要求。 6. 供回水管与机组的连接应为弹性连接（金属或非金属软管）。

子项名称	编号
空调机组安装	10－015

照片/CAD 展示图	控制要点
	1. 机组安装在平整的基础上，基础高出机房地面 150～200mm。 2. 电加热器与钢架之间的绝热必须为不燃材料，接线端要有防护措施，电加热器金属外壳接地良好。 3. 机组与供回水管的连接正确，软接头、压力表、温度计、除污器等配件齐全，安装端正，系统最低点设置泄水装置。 4. 冷凝水设置的水封高度要满足风压要求。 5. 组装的空调箱组对后要进行检漏。

子项名称	编号
水冷机组安装	10－016

照片/CAD 展示图	控制要点
	1. 设备混凝土基础必须进行交接验收，合格后方可安装。 2. 制冷设备规格、型号、参数要符合设计要求，并有合格证书及测试资料。 3. 设备位置朝向等要符合设计要求，地脚螺栓放置位置应正确，并能紧密连接，螺栓拧紧，有防松动措施。 4. 设置减振基础的设备要有防止机组水平移动的措施。 5. 制冷机水平度要符合机组要求。 6. 进出水管要连接正确，并做好标识。 7. 进出水管支架要稳固，有温差的要做好绝热。 8. 制冷机设备运转的各项数据和严密性试验要符合技术要求。

子项名称	编号
风冷机组安装	10－017

照片/CAD 展示图	控制要点
	1. 制冷设备规格、型号、参数要符合设计要求，并有合格证书及测试资料。 2. 设备混凝土基础必须进行交接验收，合格后方可安装。 3. 设备位置朝向等要符合设计要求，地脚螺栓放置位置应正确，并能紧密连接，螺栓拧紧有防松动措施。 4. 设置减振基础的设备要有防止机组水平移动的措施。 5. 制冷机水平度要符合机组要求。 6. 进出水管要连接正确，并做好标识。 7. 进出水管支架要稳固，有温差的要做好绝热。 8. 制冷机设备运转的各项数据和严密性试验要符合技术要求。

261

子项名称	编号
冷却塔安装	10-018

照片/CAD 展示图	控制要点
	1. 冷却塔安装稳固，减振器设置合理、有效；型钢底座制作美观，防腐良好，面漆均匀一致，固定螺栓紧固力均匀，并采取防松动措施。 2. 冷却塔安装水平、端正、美观、水平度和垂直度符合要求。 3. 冷却塔的出水口及喷嘴的方向和位置应正确，集水盘应严密无渗漏，布水器布水均匀，同一冷却水系统各台冷却塔的水面高度一致，保持低于溢水高度。 4. 冷却塔配管走向合理，与设备柔性连接，整体顺畅美观，阀门成排成线。 5. 管道支架布置合理，制作整齐美观，明装管道与管架面漆均匀。当管道保温时，保温平整，保护层平滑，接缝严密。

262

子项名称	编号
卧式水泵安装	10－019

照片/CAD 展示图	控制要点
	1. 水泵位置准确，牢固可靠，安装平正、稳定；运行平稳，无明显振动，运行声小无杂音。 2. 水泵成排安装时，布局合理，间距均匀一致，水泵中心应在同一条直线上。与设备连接的管道装配协调，排列整齐。 3. 水泵出入口管道应单独设立支架。 4. 支架位置应放在减振喉管之后以免影响减振效果。 5. 对于出口处有减振要求的管道要根据管道及水容量选取合适的弹簧减振器支吊架。 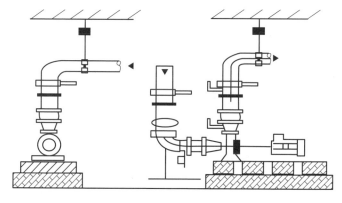

子项名称	编号
立式水泵安装	10 - 020

照片/CAD 展示图	控制要点
	1. 立式水泵不适合采用弹簧减振器。 2. 设备就位前进行基础交接检查，合格后方可就位。 3. 减振器与水泵及水泵基础连接牢固、平稳、接触紧密。 4. 水平及垂直度要符合要求。 5. 水泵出入口管道应单独设立支架。 6. 支架位置应放在减振喉之后以免影响减振效果。 7. 对于出口处有减振要求的管道，要根据管道及水容量选取合适的弹簧减振器支吊架。

子项名称	编号
水泵房内支架安装	10 - 021

照片/CAD 展示图	控 制 要 点
	1. 管道支架规格要符合规范要求。 2. 支架防腐要做好。 3. 与地板基础连接牢固、平稳、接触紧密。机房内管道支架底部做防水台防止支架锈蚀，延长支架寿命。 4. 有温管道与设备接口处设置落地支架，中间用两片法兰夹住一块绝热材料，起到绝热和隔振的作用。 5. 成排支架要排列整齐。

子项名称	编号
换热器安装	10－022

照片/CAD 展示图	控制要点
	1. 换热器应以最大工作压力的 1.5 倍做水压试验，在试验压力下，保持 10min 压力不降。 2. 板式换热器前段应留有抽卸管束的空间，设备运行操作通道净宽不宜小于 0.8m。 3. 各类阀门和仪表的安装高度应便于操作和观察。 4. 换热器上部附件的最高点至建筑结构最低点的垂直净距应满足安装检测的要求，且不得小于 0.2m。

子项名称	编号
风管保温安装	10－023

照片/CAD 展示图	控 制 要 点

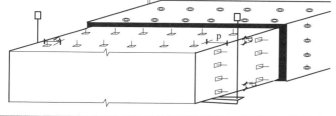

1. 使用的保温绝热材料必须符合设计要求。

2. 风管保温钉布置合理、均匀，粘贴牢固。

3. 风管底面每平方米不应少于16个，侧面不应少于10个，上面不应少于8个，首行保温钉至风管或保温材料边缘的距离应小于120mm。

4. 保温钉处压接紧密，法兰处单独保温。

5. 保温层与管道应贴紧、密实，不得间断，且表面平整，棱角顺直，圆弧均匀。

6. 支架处垫木应与保温层厚度一致，并应采取相应的防腐措施。

7. 保护层要和保温层贴紧，保护层要有整体防水功能。

8. 室外风管的支架生根处要做好防水处理。

子项名称	编号
仪表安装	10-024

照片/CAD 展示图	控制要点
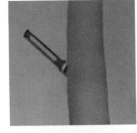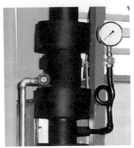	1. 压力表，温度计等仪表不得安装在减振区域内。 2. 压力表缓冲管无污染，无锈蚀，各个接口无渗漏，且没有漏痕。 3. 成排设备或设备集中安装时，压力表表盘朝向一致；同样的设备压力表安装时，布置方式应统一，高度一致，且便于观察、使用及维修。 4. 温度计应洁净、无污染及水痕附着；测温反应灵敏、准确，安装稳定、牢固，不易受到冲击而损坏。 5. 并排安装的设备上的温度计安装的部位、朝向统一，便于观察，无污染。 6. 安装在管道和设备上的套管温度计，底部应插入流动介质内，不得装在引出的管段上或死角处。 7. 同一管道上安装时，温度计安装在压力表的下游，需在上游安装时，其间距不应小于 300mm。

子项名称	编号
管道标识安装	10－025

照片/CAD 展示图	控制要点
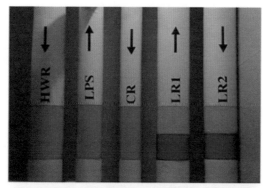	1. 管道标识需注明介质名称和流向。 2. 各种标识准确、醒目、整齐、美观、形式和颜色使用合理，整个工程应一致，字体规整，大小适宜，不易脱落，不得有错别字。 3. 管道标识包含：表示介质流向的箭头、表示管道用途的颜色及文字说明。 4. 管道标识应齐全，字迹清晰醒目，箭头方向正确。 5. 采用色环时要分布合理，间距均匀，色环宽度统一、大小适宜，一般为 50～100mm，附着良好，无脱皮、起泡、流淌和遗漏等缺陷。 6. 成排管道标识排列整齐美观，位置统一。

第11章 电气工程

11.1 预留、预埋阶段

子项名称	编号
埋地式进户管做法	11－001
照片/CAD 展示图	控制要点

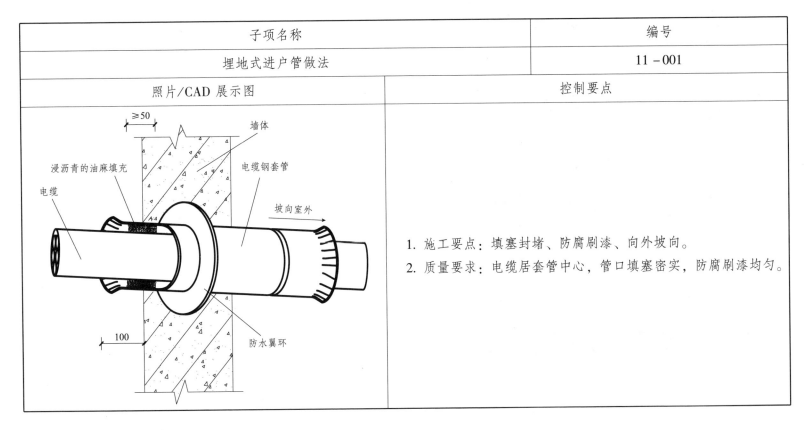

1. 施工要点：填塞封堵、防腐刷漆、向外坡向。
2. 质量要求：电缆居套管中心，管口填塞密实，防腐刷漆均匀。

子项名称	编号
墙体电气线盒（PVC）安装采用穿筋盒	11–002

照片/CAD 展示图	控制要点

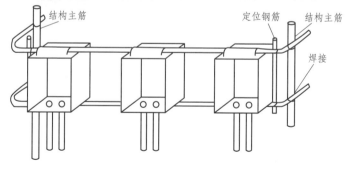

一、工艺流程

墙板钢筋绑扎完成→测定标高控制线→穿筋盒定位→穿筋盒绑扎固定。

二、控制要点

1. 选取与穿筋盒穿筋孔洞大小适合的钢筋，用于固定穿筋盒，钢筋应平直，严禁使用弯曲变形钢筋。

2. 穿筋盒安装完，应绑扎固定牢固。

3. 穿筋盒标高定位应符合图纸要求。

三、实施效果

1. 有效控制线盒标高及电气底盒与墙板边之间的距离，节约后期线盒修复产生的费用。

2. 适用于 PVC 线盒无法焊接固定的情况。

子项名称	编号
墙体成排电气线盒采取用钢筋焊接成整体或采用成品预制成排线盒	11－003

照片/CAD 展示图	控制要点

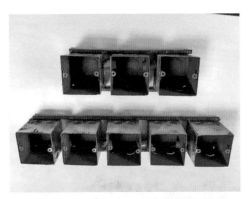

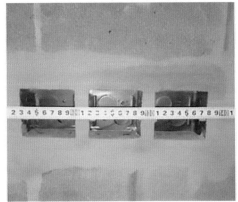

一、工艺流程

测量放线→接线盒和钢筋焊接连接成整体（或采用预制成排线盒）→接线盒安装→补槽。

二、控制要点

1. 根据图纸，在墙体上进行准确定位。

2. 预制成排接线盒时接线盒间距统一，所有接线盒呈一条直线。

3. 接线盒固定保证水平，凸出墙面不大于 3mm。

三、实施效果

1. 控制线盒水平间距及高度差，满足规范要求。

2. 可适用于一次结构及二次结构电气线盒安装。

子项名称	编号
线管口采用临时 PVC 管保护装置	11－004

照片/CAD 展示图	控制要点

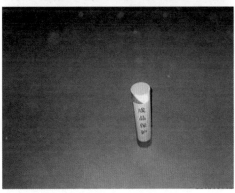

一、工艺流程

线管口用管堵封闭→PVC 套管固定→PVC 套管与线管间隙灌浆。

二、控制要点

1. 多根线管成品保护：楼层内多根距离相近线管采用规格可以将相近几根线管都套入内部的 PVC 套管保护，PVC 套管与线管的间隙用水泥砂浆填充，管口用相应规格的管堵封严，避免施工过程中破损或阻塞。

2. 单根线管成品保护：楼层内单根线管采用规格比线管规格大两号的 PVC 套管保护，PVC 套管与线管的间隙用水泥砂浆填充，线管口用相应规格的管堵封严；或制作硬质防护进行保护，避免施工过程中破损或阻塞。

3. 保护套管外刷红白警戒色。

三、实施效果

管道成品保护到位、美观、整齐划一。

子项名称	编号
成排线管管口保护，间距控制装置	11-005

照片/CAD 展示图	控制要点
	**一、工艺流程** 线管安装→模具制作→线管调整、套入模具→混凝土浇筑、拆除。 **二、控制要点** 1. 弱电进箱管路数量确认，根据管路数量制作相应模具。 2. 模具利用扁钢及钢管制作，钢管规格合适可套入线管，扁钢将钢管套管连接为统一整体。 3. 可周转使用，混凝土浇筑完成后，待强度足够后拆除。 **三、实施效果** 1. 控制线管间距，适用于成排线管的施工。 2. 线管管口保护。

子项名称	编号
（通长接地干线）接地点预留时预埋钢板	11-006

照片/CAD展示图	控制要点

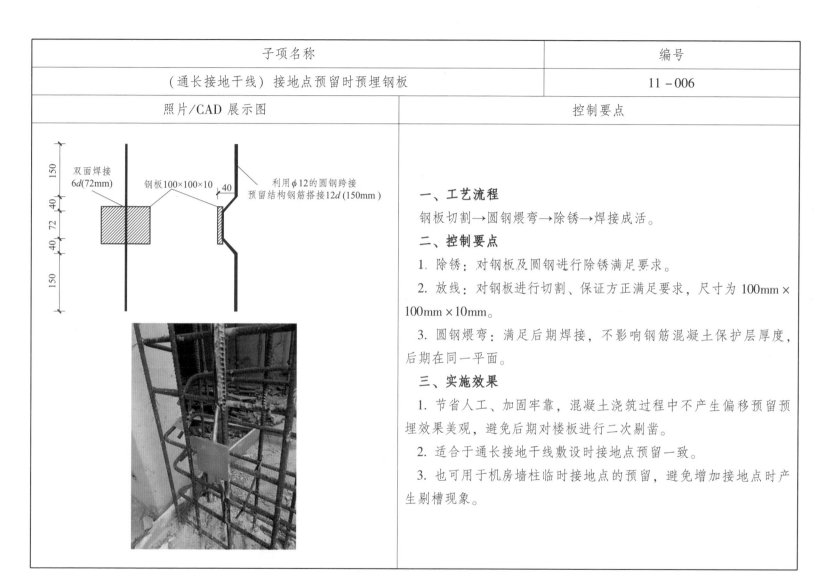

双面焊接 6d(72mm)
钢板100×100×10
利用φ12的圆钢跨接 预留结构钢筋搭接12d(150mm)

150 / 40 / 72 / 40 / 150
40

一、工艺流程

钢板切割→圆钢煨弯→除锈→焊接成活。

二、控制要点

1. 除锈：对钢板及圆钢进行除锈满足要求。

2. 放线：对钢板进行切割、保证方正满足要求，尺寸为100mm×100mm×10mm。

3. 圆钢煨弯：满足后期焊接，不影响钢筋混凝土保护层厚度，后期在同一平面。

三、实施效果

1. 节省人工、加固牢靠，混凝土浇筑过程中不产生偏移预埋效果美观，避免后期对楼板进行二次剔凿。

2. 适合于通长接地干线敷设时接地点预留一致。

3. 也可用于机房墙柱临时接地点的预留，避免增加接地点时产生剔槽现象。

11.2 安装阶段

子项名称	编号
高低压配电柜基础槽钢安装做法	11-007

照片/CAD 展示图	控制要点
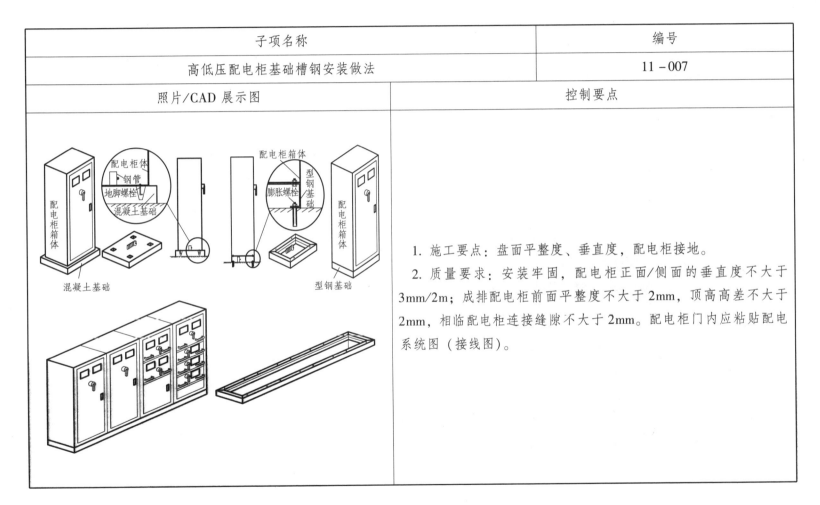	1. 施工要点：盘面平整度、垂直度，配电柜接地。 2. 质量要求：安装牢固，配电柜正面/侧面的垂直度不大于3mm/2m；成排配电柜前面平整度不大于2mm，顶高高差不大于2mm，相临配电柜连接缝隙不大于2mm。配电柜门内应粘贴配电系统图（接线图）。

子项名称	编号
电缆桥架穿室内顶板（强电、弱电间）做法	11－008

照片/CAD 展示图	控制要点
\n效果图：	1. 控制要点：接地可靠、标识清晰、封堵严密。\n2. 质量要求：电气设备管线布局合理、安装牢固可靠。

子项名称	编号
防火封堵防火板采用 45°切缝	11－009

照片/CAD 展示图	控制要点

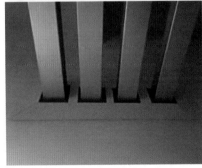

一、工艺流程

洞口测量→阻火包安装→防火泥施工→裁剪防火板→防火板固定→防火泥填缝。

二、控制要点

1. 桥架内部、桥架与墙之间用防火包填塞密实，防火包之间的间隙及电缆间缝隙用防火泥塞缝。

2. 贯穿墙部位两侧采用 8～10mm 厚防火板封堵，防火板宽度 100mm，采用 6#膨胀螺栓固定，螺栓间距 200mm。

3. 防火板切斜角拼缝。防火板与桥架根部采用防火泥（2t/m³）密封，宽度为 20mm，外表面与防火板平齐。

三、实施效果

封堵严密，观感良好。

子项名称	编号
强弱电电缆桥架标识做法	11－010

照片/CAD 展示图	控制要点
 	1. 施工要点：标识大小、颜色、位置。 2. 质量要求：喷涂或粘贴要牢固、清晰，喷涂无流坠，粘贴无翘边。

子项名称	编号
电缆标识牌做法	11－011

照片/CAD 展示图	控制要点

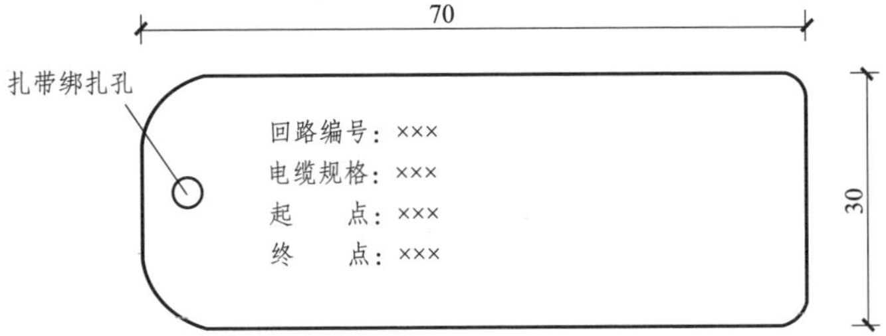

一、工艺流程

电缆敷设→电缆绑扎→标识牌制作→挂标识牌

二、控制要点

1. 电缆桥架敷设的电缆在其首端、末端、分支处应挂标识牌，标识牌挂设应整齐、一致。

2. 标识牌规格一致，用白色扎带（型号 3mm×100mm）与电缆绑扎牢固。标识牌上应注明电缆编号、规格、型号、电压等级及始、终端位置。

3. 标识牌根据电缆数量绑扎成"人"字形。

4. 当设计无要求时，电缆支持点间距不应大于规范要求。

三、实施效果

电缆排列整齐，标识牌挂设一致，电缆编号方便查阅。

子项名称	编号
墙体暗配管切槽、补槽新工艺（一）	11-012

照片/CAD 展示图	控 制 要 点
	**一、工艺流程** 弹线→切槽机和钻孔机开槽→安装固定线管、线盒→冲洗湿润管槽→第一次补槽→第二次补槽→修整槽、盒。 **二、控制要点** 1. 根据图纸在砌体墙上放出线管、线盒轮廓线，线管、线盒位置弹线要准确。 2. 根据墙槽轮廓线使用开槽机和钻孔机开槽，开槽时避免破坏周边墙体，轻质墙体严禁切横槽。 3. 根据墙体暗敷的管道管径确定开槽的深度及宽度，开槽的深度及宽度宜为管道直径＋20mm，验槽合格后，进行墙体配管，固定线管、线盒，严禁直接用砂浆固定线管。 4. 用施工用水对管槽进行冲洗、湿润，将管槽内灰尘和颗粒冲洗掉，再用 M10 水泥砂浆（或轻质墙体同材质材料）补第一遍槽，补槽高度以刚将线管盖住为准，线管后面及两侧填充密实。

子项名称	编号
墙体暗配管切槽、补槽新工艺（二）	11-013

照片/CAD 展示图	控制要点

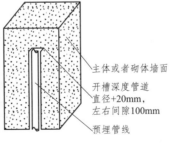

主体或者砌体墙面

开槽深度管道
直径+20mm，
左右间隙100mm

预埋管线

5. 第一遍补槽上强度后，进行第二遍补槽，补槽高度为高出墙面 2mm，砂浆初凝后用抹子用力拍打槽面，保证管槽不空不裂。若开槽宽度大于 80mm，封堵时加密目钢丝网。

6. 对槽盒周边进行修整，使管槽等宽，两侧顺直。

7. 土建抹灰前对补槽质量进行检验，保证不空不裂，对空裂的管槽和线盒歪斜的重新剔凿处理，保证质量。

三、实施效果

1. 开槽方便、快捷、美观。

2. 防止管道隐蔽处空鼓、开裂，质量提升，管道得到有效保护。

3. 补槽顺直、美观，主体验收阶段砌体质量提高。

子项名称	编号
可插接式竖井桥架连接套	11-014

照片/CAD 展示图	控 制 要 点

一、工艺流程

桥架配件规格统计→厂家定制→进场安装。

二、控制要点

1. 在定制前，注意插接侧长度应与主桥架宽度一致。

2. 安装时应在主桥架内侧插接，螺母朝向桥架外侧。

3. 螺栓孔数量配备应根据主桥架尺寸及需出线电缆数量确定，以满足强度要求。

三、实施效果

1. 避免了使用传统三通时桥架需在接头处切割，减少浪费。

2. 可在需要位置插接三通，可灵活控制每层标高。

子项名称	编号
成排桥架转弯、交汇处采用成品异型通	11-015

照片/CAD 展示图	控制要点

一、工艺流程

桥架排布→现场测量→厂家制作→现场安装。

二、控制要点

1. 根据桥架规格、电缆数量及转弯半径确定套盒体积，避免过大或过小导致安装难度加大。

2. 不同电压等级电缆穿越套盒时宜设置采取防干扰措施，可设置隔板。

3. 套盒为异型通，生产前建议由厂家根据现场空间实际测量、定做。

三、实施效果

避免了桥架转弯处因高度避让导致翻弯较多，节省空间，整齐美观。

子项名称	编号
湿式报警阀等成排设备末端控制线采用可挠性金属软管，曲度一致	11－016

照片/CAD展示图	控制要点

一、工艺流程

可挠性金属软管安装→穿线→软管调整→导线压接。

二、控制要点

1. 软管安装时调整高度、曲度一致。

2. 软管连接处采用专用接头。

3. 导管长度应符合规范要求，禁止过长。

三、实施效果

可挠性金属软管具有一定强度，解决了成排设备使用普通金属软管硬度小、弯曲度难以控制的缺陷，保证整齐、美观。

子项名称	编号
桥架跨接线采用 BVR 软线，统一弧度	11-017

照片/CAD 展示图	控制要点

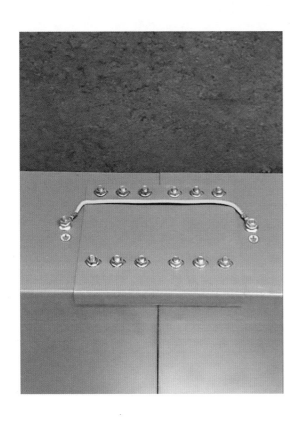

一、工艺流程

接地线裁剪→安装接地线端子→接电线与桥架连接→粘贴接地标识。

二、控制要点

1. 非镀锌金属桥架、托盘和槽盒本体之间连接板的两端应跨接保护联结导体，保护联结导体规格采用不小于 $4mm^2$ 铜芯线，跨接线弯曲角度为 135°。

2. 铜芯线两端安装接线端子，接线端子采用铜管冷压接线端子，孔距与桥架螺栓规格匹配，桥架专用接地孔和接线端子之间采用专用爪垫螺钉压紧，可靠连接。

3. 接电线和桥架连接处粘贴接地标识，接地标识直径为 15mm，线条粗 1.5mm。

三、实施效果

非镀锌金属桥架跨接可靠，标识清晰，观感良好。

子项名称	编号
设备电源使用防水弯头并设置存水弯	11-018

照片/CAD 展示图	控制要点

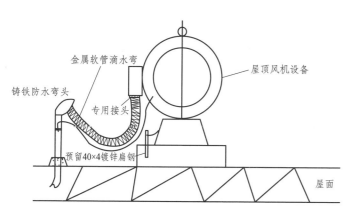

金属软管滴水弯
铸铁防水弯头
专用接头
屋顶风机设备
预留40×4镀锌扁钢
屋面

B17-4PY-5
消防排烟口

一、工艺流程

电管预留→防水弯头安装→柔性导管安装→线缆敷设压接。

二、控制要点

1. 设备电源管根据设备位置、基础高度提前预留。

2. 设备电源管采用专用防水弯头、柔性导管连接处采用专用接头，柔性导管应设置滴水弯。

三、实施效果

设置防水弯，防止水进入接线柱或线管内，适用于屋面，机房等设备电源。

子项名称	编号
桥架与配电箱连接标准化做法	11-019

照片/CAD 展示图	控制要点

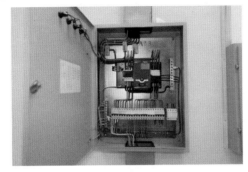

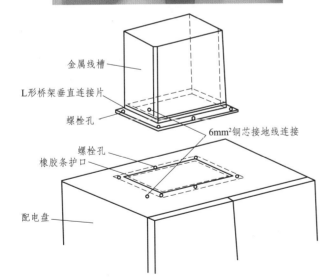

金属线槽

L形桥架垂直连接片

螺栓孔

6mm²铜芯接地线连接

螺栓孔

橡胶条护口

配电盘

一、工艺流程

配电箱预留敲落孔→安装橡胶条护口→配电箱与桥架连接→接地线跨接。

二、控制要点

1. 桥架与配电箱连接处，根据桥架的规格型号、位置，厂家预留好敲落孔，施工时，在开口周边加橡胶条护口。

2. 桥架与配电箱之间采用 L 形桥架垂直连接片连接，桥架与配电箱之间用不小于 $4mm^2$ 铜芯线跨接（创优项目采用 $6mm^2$ 铜芯线），用螺栓紧固，连接可靠。

三、实施效果

1. 防止电缆敷设过程中被配电箱开口毛刺划伤。

2. 采用 L 形桥架垂直连接片，桥架与配电箱连接紧固。

3. 桥架与配电箱跨接可靠。

子项名称	编号
屋面桥架采用防雨桥架并设置禁止踩踏标识	11-020

照片/CAD 展示图	控制要点

一、工艺流程

桥架安装→盖板安装→防踩踏标识安装。

二、控制要点

1. 屋面露天桥架盖板应选用带坡度的防水盖板，桥架采用下端带孔的防水线槽。

2. 对于上人屋面，桥架落地安装区域，行人通道处且无专用爬梯位置均需张贴标识，距离每 4~5m 张贴一处。

3. 防踩踏标识应贴于桥架醒目区域。

三、实施效果

防止后期破坏严重导致桥架变形，有利于成品保护。

子项名称	编号
导线并头采用导线连接器	11-021

照片/CAD 展示图	控制要点
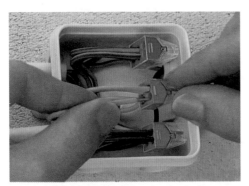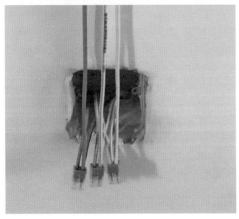	**一、工艺流程** 导线剥制→芯线塞入插接孔→检查→测试。 **二、控制要点** 1. 导线剥制时线芯外露长度应合理，避免外露铜芯过长或过短。 2. 通过连接器透明外壳观察铜芯插入长度是否合适。 **三、实施效果** 利用导线连接器操作简单、安全、快捷，节省人工，提高施工效率。

11.3 防雷与接地施工

子项名称	编号
防雷引下线测试点做法	11-022

照片/CAD 展示图	控制要点
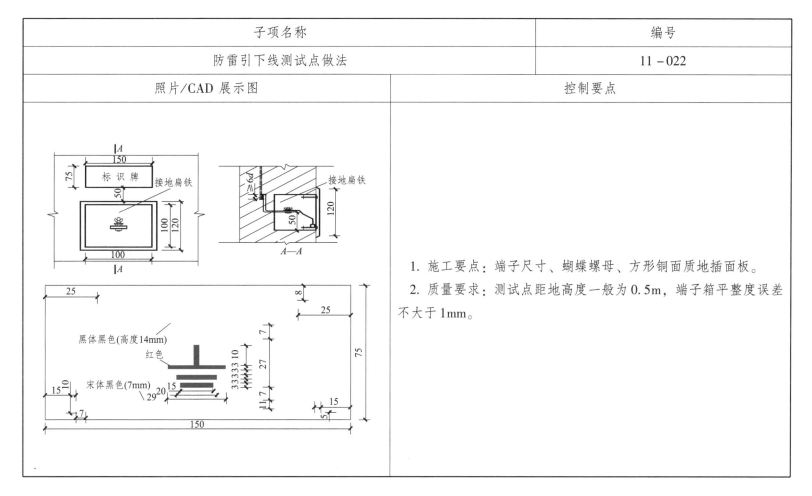	1. 施工要点：端子尺寸、蝴蝶螺母、方形铜面质地插面板。 2. 质量要求：测试点距地高度一般为 0.5m，端子箱平整度误差不大于 1mm。

子项名称	编号
防雷测试点做法	11－023

照片/CAD 展示图	控制要点
	**一、工艺流程** 接地扁钢焊接→测试点箱壳安装→接地扁钢燕尾螺钉安装→测试点箱门安装。 **二、控制要点** 1. 测试点宜暗设在专用箱、盒内，必须在地面以上按设计要求位置设置。 2. 安装端正，盒盖紧贴装饰面，标识清晰（白底黑字）且统一编号。 3. 内部接地扁钢无锈蚀，螺栓、螺母防松件齐全。 4. 在住宅小区等群体建筑群中，接地电阻测试点的设置应统一，建议展示设备公司信息。 **三、实施效果** 1. 测试点安装箱体或地插壳，美观实用，遮风挡雨，防止锈蚀。 2. 测试螺栓、螺母防松件齐全，便于检测。

子项名称	编号
明装避雷带沉降缝、转角采用"Ω"形补偿	11-024

照片/CAD 展示图	控制要点

一、工艺流程

需弯件制作→支持件安装→避雷带敷设。

二、控制要点

1. 避雷带应平正顺直，固定点支持件间距均匀、固定可靠，每个支持件应能承受大于 49N（5kg）的垂直拉力。

2. 避雷带安装高 0.15m，支架间距为 1m，转角处为 0.3m。

3. 转角处避雷带需制作成"Ω"形。

4. 经过建筑物变形缝的避雷带需制作变形缝补偿弯，变形缝两侧支架距变形缝中心间距为 0.3m。

5. 避雷网支架下部做防护帽，防止渗水。

三、实施效果

增强了避雷网的保护性能，提高了观感质量。

子项名称	编号
屋面金属透气管避雷针统一标准	11－025

照片/CAD 展示图	控制要点

一、工艺流程

接地点预留→避雷针加工制作→管道安装→避雷针安装、固定。

二、控制要点

1. 提前预留接地点于根部基础位置，在基础施工前引出，避雷针与接地点之间可靠焊接。

2. 焊接部分补刷的防腐油漆完整，避雷针底部应加装镀锌套管并封堵。

3. 避雷针统一可选用 $\phi 12$ 镀锌圆钢，避雷针采用抱卡利用管道进行固定，间距 $600 \sim 800\text{mm}$，避雷针顶部磨尖搪锡，高于设备顶端 $0.3 \sim 0.5\text{m}$。

4. 对于屋面存在多个避雷针，安装时位置统一，方向一致，分布于管道同一侧，距离管道距离 $100 \sim 150\text{mm}$ 为宜。

三、实施效果

可靠接地，屋面避雷针统一标准，整齐美观。

子项名称	编号
设备基础接地点统一预留于基础内	11-026

照片/CAD 展示图	控制要点
	**一、工艺流程** 设备基础确定→根据所需接地点位置进行扁钢预留→接地线连接。 **二、控制要点** 1. 与土建专业提前沟通，复核基础位置、尺寸及高度等，地面垫层、设备基础施工前预留到位。 2. 预留接地扁钢应设置于就近的接地点的位置，便于接地线的连接。 3. 成排设备基础接地扁钢预留位置、高度应统一，距离基础边缘 100mm，高度 100～150mm 为宜。 **三、实施效果** 提前策划，一次预留到位，避免了后期对设备基础剔槽。

子项名称	编号
设备接地时每个接地点单独与接地干线连接	11-027

照片/CAD 展示图	控制要点

照片/CAD 展示图

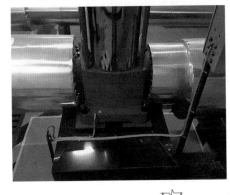

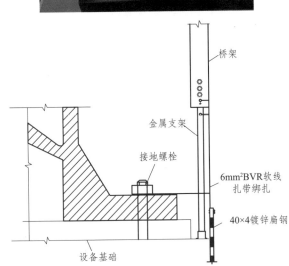

桥架

金属支架

接地螺栓

6mm²BVR软线
扎带绑扎

40×4镀锌扁钢

设备基础

控制要点

一、工艺流程

接地扁钢预留→除锈、刷双色漆→接地线安装、压接→接地线绑扎、标识。

二、控制要点

1. 40mm×4mm 接地扁钢应提前预留，引自接地点或接地干线，成排设备接地扁钢高度、位置应一致，扁钢刷黄绿双色油漆进行标识。

2. 接地线截面积应满足要求且不小于 $4mm^2$，走向顺直、拐弯处角度美观，多根接地线并列敷设时用扎带绑扎固定。

3. 各设备、基础应单独与接地干线相连且每个螺栓固定不多于 2 个。

4. 设备基础、外壳、电线管均应进行接地跨接；所有接地点应贴接地标识。

三、实施效果

1. 接地可靠，保证安全。

2. 整齐划一，提高了设备接地的观感质量。

子项名称	编号
风管、水管非金属软接两侧设置接地跨接	11－028

照片/CAD 展示图	控制要点

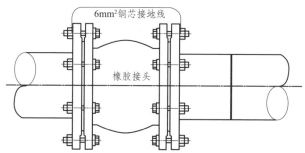

6mm²铜芯接地线

橡胶接头

一、工艺流程

管道软接安装完成→接地线跨接→接地标识。

二、控制要点

1. 接地线选用不小于 $4mm^2$ 的 BVR 软线，烫锡后采用专用接线端子压接于两侧法兰螺栓螺母侧，跨接线角度为 90°。

2. 安装完成后张贴接地标识。

3. 同一项目、同一区域软接跨接地线朝向、位置应统一。

三、实施效果

保证管道整体接地。

11.4 配电室安装

子项名称	编号
配电室配电柜及绝缘胶垫周边涂刷警戒色	11-029

照片/CAD 展示图	控制要点
	**一、工艺流程** 配电柜安装、绝缘地胶安装、弹线、粘贴美纹纸、涂刷警戒色。 **二、控制要点** 1. 绝缘胶垫安装完成后沿脚垫外轮廓线弹线。 2. 根据弹线位置粘贴美纹纸。 3. 在美纹纸范围内涂刷警戒色，待警戒色油漆晾干后将美纹纸撕掉。 4. 检查警戒色质量，保证宽窄一致，整齐美观。 **三、实施效果** 1. 警戒色宽窄一致，整齐美观。 2. 警戒色起到警示作用，整洁实用。

子项名称	编号
竖向高低压电缆在电缆箱柜内的制作安装做法	11－030

照片/CAD 展示图	控制要点
	1. 施工要点：电缆支架、桥箱及桥箱安装架构需紧固可靠，电缆卡件品质优良。 2. 质量要求：电缆支架、卡件及电缆稳固的同时不得有强力硬压或其他非均匀状态下使电缆及外皮受损的现象发生；同时使用品质优良的配件产品及工艺。

子项名称	编号
封闭电缆桥箱制作安装做法	11-031

照片/CAD 展示图	控制要点
	1. 施工要点：落地安装，预制镀锌钢板拼装简捷，设防爆安全观察窗，良好接地装置等。 2. 质量要求：箱体采用镀锌钢板拼接组装，箱体外壳及内部做工光滑无毛刺等瑕疵，箱体垂直地面与槽钢基础可靠连接，与墙间做到基本无缝隙工艺，防爆安全；观察窗由钢化玻璃及钢网组成，等电位接地极点与配电室接地系统牢固连接，观察窗清晰安全。

子项名称	编号
高低压配电柜基础槽钢制作安装做法	11-032

照片/CAD 展示图	控制要点

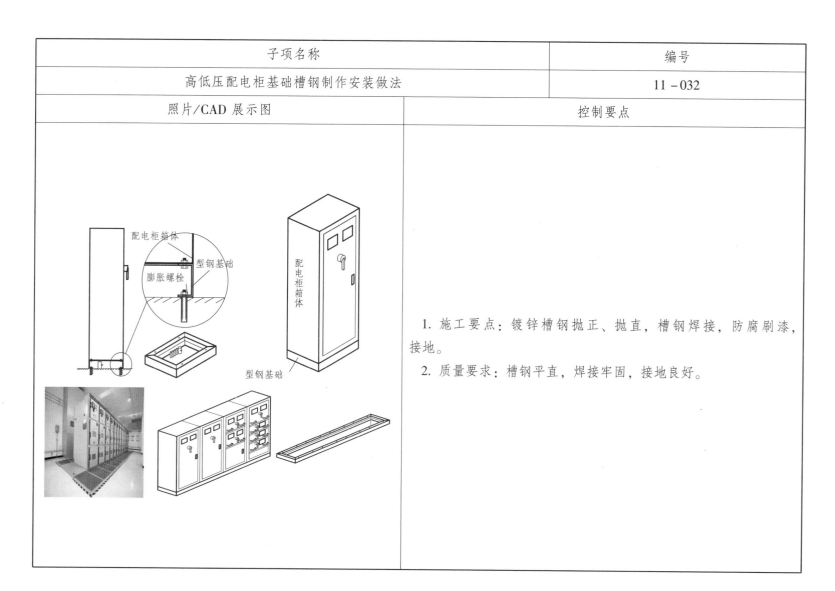

1. 施工要点：镀锌槽钢抛正、抛直，槽钢焊接，防腐刷漆，接地。

2. 质量要求：槽钢平直，焊接牢固，接地良好。

子项名称	编号
配电室等电位接地排预制做法	11 - 033

照片/CAD 展示图	控制要点
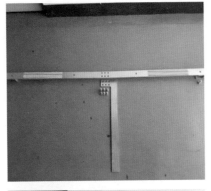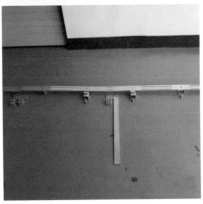	1. 施工要点：镀锌钢材打孔，剪裁钢材，标识。 2. 质量要求：钢材平直，孔位均匀，切口无毛刺，热镀锌防腐，等电位联结线有黄绿色标。 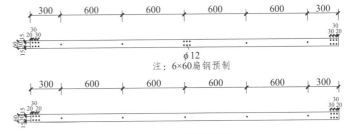

子项名称	编号
配电室等电位接地排预制做法	11－034

照片/CAD展示图

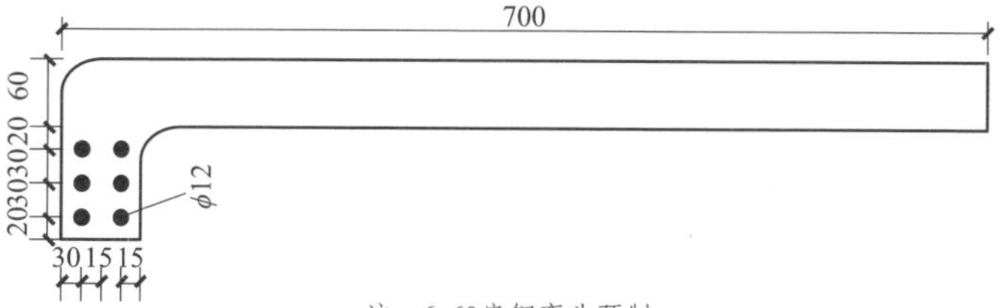

注：6×60扁钢弯头预制

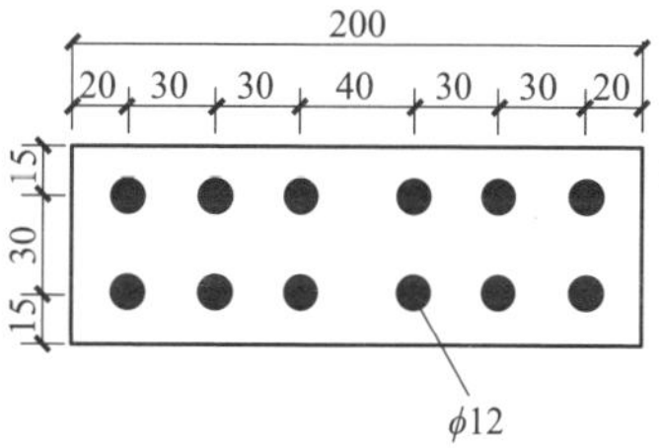

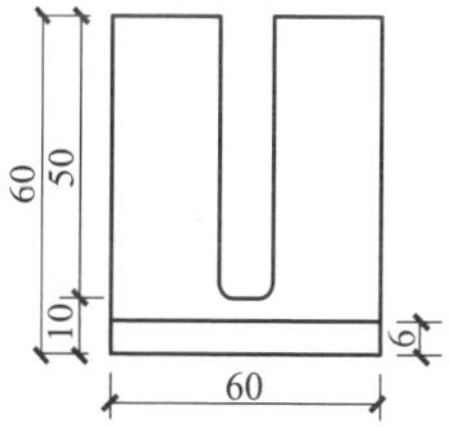

俯视图

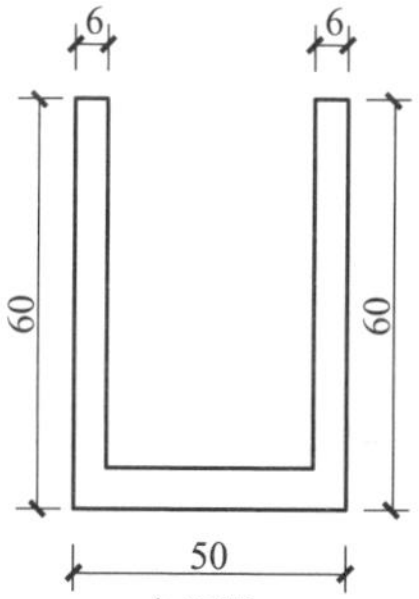

立面图

子项名称	编号
配电室等电位接地排组装做法（一）	11－035

照片/CAD 展示图	控制要点
  弯头拼接入地	1. 施工要点：联结，色标，整齐，阻值，接触面。 2. 质量要求：电阻值符合设计要求，至少两点以上接地，接触面平整无缝隙，外六角镀锌螺钉可靠连接。接地干线沿墙敷设，与墙壁保持 10～15mm 的间距。

子项名称	编号
配电室等电位接地排组装做法（二）	11-036

照片/CAD 展示图

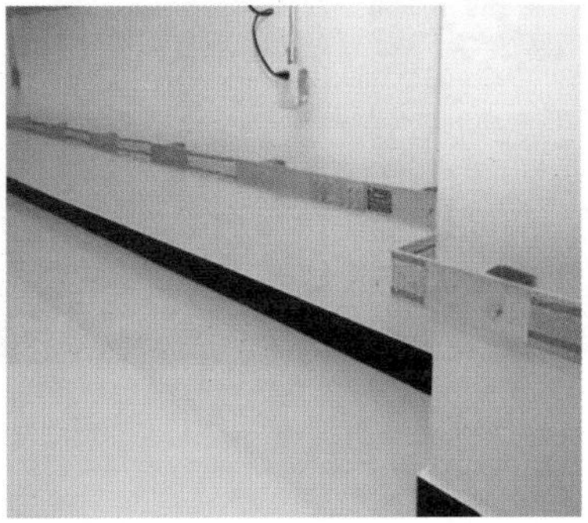

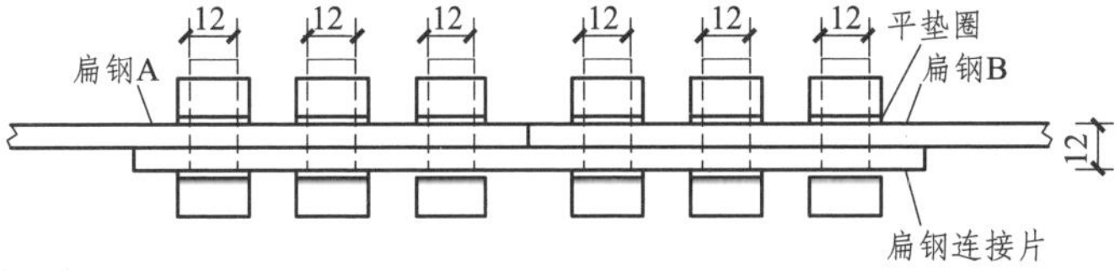

扁钢A

平垫圈

扁钢B

扁钢连接片

扁钢拼接处做法

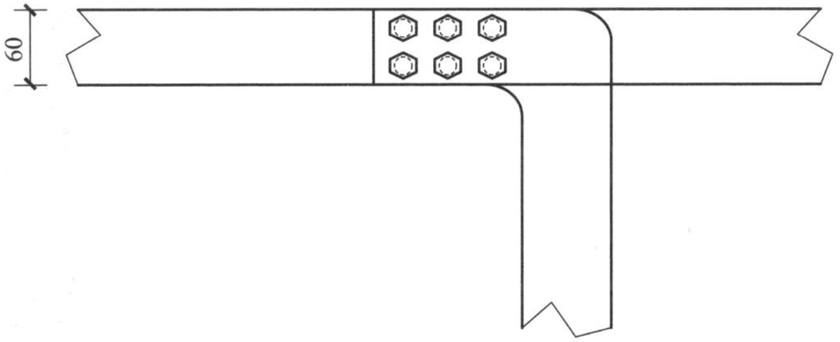

子项名称	编号
配电室电缆夹层支架的做法	11-037

照片/CAD 展示图	控制要点
	1. 施工要点：型钢焊接，热镀锌防腐，全长可靠接地。 2. 质量要求：钢材平直，切口无卷边、毛刺，焊接面2倍焊接，接地电阻不大于4Ω。

子项名称	编号
电缆夹层中电缆水平敷设做法	11－038

照片/CAD 展示图	控制要点
高压电缆(主) 高压电缆(备) 低压电缆(动力主及照明) 低压电缆(动力备及照明) 控制电缆	1. 施工要点：排列。 2. 质量要求：电力电缆与控制电缆不应配置在同一层支架上；高低压电力电缆、强电、弱电控制电缆应按顺序分层配置；主备电源应置于不同层级支架上。

第 12 章　市政工程

12.1　地下管道施工

子项名称	编号
沟槽开挖	12－001

照片/CAD 展示图	控制要点
　图 1　沟槽开挖	1. 土方开挖前，依据地质条件、开挖深度，按照规范和设计要求确定放坡系数或支护方法，编制专项施工方案。 2. 开挖应自上而下分层分段开挖，开挖不得超挖、沟槽底部预留 0.2~0.3m 土层，由人工清底找平至设计标高。 3. 沟槽开挖时应设置临时排水沟，防止地面水流入沟槽，确保槽底不得受水浸泡，开挖出现地下水时，需将地下水降至基础底 500mm 以下。 4. 沟槽边原则上不宜堆土，若堆土应距沟槽边缘不小于 2m，高度不宜超过 1.5m，以防出现安全事故。 5. 沟槽开挖时其断面尺寸必须准确，符合设计要求，沟底平直，沟内无塌方、无积水，满足施工需要。

子项名称	编号
管道铺设	12－002

照片/CAD 展示图	控制要点

图1　热熔连接管道铺设

图2　承插口管道铺设

1. 管材进场后，沿沟槽一字排开，承口向上游方向，检查管材质量，不合格产品绝不允许下到沟槽内（见图1）。

2. 采用吊车下管。插口插入承口应采用手板葫芦等工具，将管材沿轴线徐徐插入承口内。严禁采用挖掘机拔管插入。

3. 承插口管安装应将管口顺水流方向，承口逆水流方向，由下游向上游依次安装。密封用橡胶圈外观应平滑、整齐，不得有气孔、裂缝、卷褶、破损、重皮等缺陷。

4. 接口作业时，应先将承口（或插口）的内（或外）工作面用棉砂清理干净，不得有泥土等杂物，并在承口内工作面涂上润滑剂，然后立即将插口端的中心对准承口的中心轴线就位。

5. 用经纬控制管道中线位置，用水准控制管底标高，确保安装管道达到设计要求。

子项名称	编号
沟槽回填	12 - 003

照片/CAD 展示图	控制要点
 图 1 管道胸腔回填  图 2 分层回填	1. 污水管道的沟槽应在闭水试验合格后及时回填,给水管道水压试验前除接口处外管道两侧及管顶以上回填高度不应小于0.5m,水压试验合格后应及时回填其余部分(见图1)。 2. 采用人工配合机械进行分层回填,从管道两侧同时进行回填。回填土的每层虚铺厚度应按采用的压实工具和要求的压实度确定(见图2)。 3. 管底基础到管顶以上500mm范围内必须人工分层夯实,管顶以上500mm至路床范围内可用机械从管道轴线两侧同时夯实,每层回填厚度不大于200mm。 4. 沟槽分段回填压实时,相邻段的接茬应呈台阶形,且不得漏夯。 5. 槽底至管顶以上50cm范围内不得含有有机物,冻土以及厚度大于50mm的砖石等硬块在抹带接口处、防腐绝缘层或电缆周围应采用细粒土回填。 6. 同一沟槽中有双排或多排管道的基础底面位于同一高程时,管道之间的回填压实应与管道与槽壁之间的回填压实对称进行。 7. 每层压实均采样试验,压实度符合要求后方能进行下层施工。

子项名称	编号
检查井砌筑（预制）	12－004

照片/CAD 展示图	控制要点

图 1　井筒砌筑

图 2　流槽砌筑

1. 砌筑结构的井室，砌块应充分湿润；砂浆拌和均匀、随用随拌。

2. 井室砌筑一定要圆顺，砌体砂浆要饱满，不得漏浆；上下砌块错缝砌筑；勾缝要认真密实，墙面不得有污染，井室内不得有建筑垃圾（见图1）。

3. 砌筑时同时安装踏步，未达到强度时不得踩踏。

4. 预制装配式结构的井室安装前，检查装配位置、尺寸，做好标记。

5. 排水管道接入检查井时，管口外缘与井内平齐；接入管径大于300mm时，对于砌筑结构的井室应砌砖圈加固。

6. 排水检查井内的流槽，宜于井壁同时进行砌筑。

7. 铁爬梯的位置安放准确，上下顺线，方向指向圆心。

12.2 道路施工

子项名称	编号
路床	12-005

照片/CAD 展示图	控制要点
 图1 路床碾压成型	1. 路床施工前应详细检查、核对纵横断面图，发现问题进行复测。若设计单位未提供断面图，应全部补测。 2. 开挖前，提前进行探坑的挖掘，摸清障碍情况，做出明显标记。 3. 在靠近建筑物、设备基础、电杆等附近施工时，必须根据土质情况、填筑深度等，确定具体防护措施。 4. 挖土应自上而下分层开挖，严禁掏洞开挖；机械开挖作业时，必须避开构筑物、管线，在距离管道边1m范围内应采用人工开挖，在距离电缆线2m范围内必须采用人工开挖；严禁挖掘机等机械在电力架空线路下作业，需要在一侧作业时，垂直及水平安全距离必须符合规范要求。 5. 路槽开挖后，定桩、找平，路床采用人工配合平地机精平，振动压路机碾压，反复进行，直到检测数据全部满足技术规范要求。

子项名称	编号
水泥稳定碎石基层	12－006

照片/CAD 展示图	控制要点

图 1　水泥稳定碎石摊铺

图 2　水泥稳定碎石碾压

1. 提前做好混合料最佳配合比，在开工前将混合料配合比设计提交监理工程师批准后，方可用于施工。

2. 施工前应通过实验确定压实系数。

3. 宜采专用摊铺机械摊铺。用双机作业，两台摊铺机组成摊铺作业梯队，其前后间距为 10～15m。摊铺机内、外侧用铝合金导梁控制高程。

4. 摊铺机摊铺混合料时，不宜中断。如因故中断时间超过 2h，应设置横向接缝。

5. 要严格控制平整度，施工中专人用 3m 平尺连续检查平整度，保证其达到设计及规范要求。

6. 水泥稳定碎石基层施工尽量采取整幅施工，只留横茬不留纵茬，两相邻段接茬处表面涂刷一层水泥浆，以利新老混合料结合。

7. 每一施工段碾压完成并经压实度检查合格后，应立即开始养生，养护期间应封闭交通。

8. 水泥稳定土层分层施工时，应在下层水泥稳定碎石养护 7d 后，方可摊铺上层材料。

9. 表面平整密实，无坑洼、无明显轮迹、无软弹或松散脱皮现象。

子项名称	编号
道路面层	12－007

照片/CAD 展示图	控制要点
 图 1　沥青混凝土摊铺  图 2　沥青混凝土摊铺	1. 沥青混凝土下面层必须在基层验收合格并清扫干净后方可进行施工。 2. 沥青混合料运输车的数量应与搅拌能力或摊铺速度相适应，施工过程中摊铺机前方应有运料车。在等候卸料。沥青混凝土混合料在运送过程中，应用篷布全面覆盖，用以保温、防雨、防污染。 3. 严格控制施工温度，改性沥青一般比普通沥青温度提高 10℃。 4. 沥青混合料的碾压一般分为初压、复压、终压三个阶段。初压应紧跟在摊铺机后较高温度下进行，初压温度不宜低于 150℃，碾压速度为 1.5～2km/h，碾压重叠宽度宜为 200～300mm，并使压路机驱动轮始终朝向摊铺机。复压应紧接在初压后进行，复压温度不宜低于 130℃，速度控制在 4～5km/h。终压紧接在复压后进行，采用 6～14t 的振动压路机进行静压 2～3 遍，至表面无轮迹。终压温度不宜低于 90℃，碾压速度为 3～4km/h。 5. 施工缝接缝应采用直茬直接缝，用 3m 平尺检测平整度，用人工将端部厚度不足和存在质量缺陷部分凿除，使下次连接成直角连接。将接缝清理干净后，涂刷黏结沥青油。 6. 设专人维护压实成型的沥青混凝土路面，必要时设置围挡，路面完全冷却后才能开放交通。

子项名称	编号
路缘石砌筑	12－008

照片/CAD 展示图	控制要点
图1　路缘石直顺度 图2　路缘石接缝	1. 安装前，首先要检查进场路缘石的外观及规格尺寸是否合格，超过标准的坚持不用。 2. 路缘石安装前，应校核道路中线，测设路缘石安装控制桩，直线段桩距为 10～15m，曲线段为 5～10m，路口为 1～5m。 3. 铺装施工前用经纬仪定通线，砌筑时挂双线，应做到直线平直、曲线圆顺。 4. 路缘石砌筑要稳固、直线段顺直、曲线段圆顺、缝隙均匀。 5. 路缘石勾缝要密实，平缘石不得阻水。 6. 路牙后背三角混凝土一定要认真施工，不得马虎。 7. 路缘石应以干硬性砂浆铺砌，砂浆应饱满、厚度均匀。 8. 路缘石缝宽允许偏差±3mm，相邻块高差≤3mm。

子项名称	编号
人行便道砌筑	12－009

照片/CAD 展示图	控制要点
 图1　便道板砌筑直顺度  图2　便道板砌筑平整度	1. 人行步道砖表面应颜色一致，无蜂窝、露石、脱皮、裂缝等现象，表面应平整、宜有倒角，应有必要的防滑功能，以保证行人安全。出厂应有合格证，其外观质量、规格尺寸应符合设计要求。 2. 利用侧石为边线，放出中线；并隔5m左右测放水平桩，以控制方向及高程。按标高及中、边线纵横挂线，以挂线为依据铺砌。 3. 铺砌应平整、稳定，灌缝应饱满，不得有翘动现象。人行道与其他构筑物应接顺，不得有积水现象。 4. 路口处盲道应铺设为无障碍形式。行进盲道砌块与提示盲道砌块不得混用。盲道必须避开树池、检查井、杆线等障碍物。 5. 铺砌完成后，必须封闭交通，并应湿润养护，当水泥砂浆达到设计强度后，方可开放交通。

子项名称	编号
现浇混凝土井圈施工（省级工法）	12-010

照片/CAD 展示图	控制要点

照片/CAD 展示图：

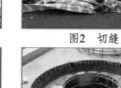

图1　凿出表面并放线　　　图2　切缝

图3　切出圆孔

图4　支模板加内撑

图5　绑钢筋与安装井盖

图6　浇筑振捣抹面养护

图7　养护后成型　　　图8　专家评定

控制要点：

一、控制要点

1. 全站仪或 GPS 测量仪器进行检查井井位的定位，定位确保准确。

2. 内模采用 2～4mm 厚钢板制作内径 710mm，高度 0.3m，紧贴检查井的井筒，为防止检查井内模钢板环挤压变形，在钢板环内加两道肋，采用直径 6～8mm 的圆钢围成开口圆环。

3. 球墨铸铁检查井井盖，使用 16 个架立筋进行加固，配合混凝土垫块，防止混凝土浇筑振捣过程中发生位移。

4. 现浇混凝土检查井与路面高差，由规范规定的允许偏差小于或等于 5mm 减小到小于或等于 2mm，达到国内先进水平。

二、实施效果

1. 与传统的预制检查井井圈相比，降低安装工作的强度，保证路面的平整度，井框与路面的高差从规范允许偏差小于或等于 5mm 减少到小于或等于 2mm，同时增强路面衔接平顺度，达到路面美观、行车舒适的良好效果。

2. 成本降低，减少运输费用。

子项名称	编号
混凝土侧模（工艺改进、技术创新点）	12－011

照片/CAD 展示图	控制要点

图 1　路缘带施工

图 2　工艺流程

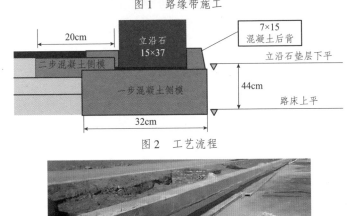

图 3　养生

一、控制要点

1. 严格控制原材料符合规范要求，对进场原材料按频率检验并不定时抽检，不合格材料不准进场。

2. 严格控制干硬性混凝土水灰比，坍落度过大会导致路缘石成型后坍塌，坍落度小会导致混凝土松散，难以挤压成型。

3. 专职质量员对新成型的路缘石进行顺直度、高差以及假缝的测量检查。并边浇筑边自检，以及时纠正，不合格段坚决返工。

4. 成型好的路缘石人工用喷雾器均匀喷洒养护剂养护，覆盖塑料布养生。

5. 为防止混凝土的温度裂缝，待路缘石养护 1～3d 后，每间隔 5m 采用切缝机人工切割假缝。

二、实施效果

1. 提高结构层高程、平整度控制精度。

2. 有效控制材料用量。

3. 提高施工效率。

4. 节能降耗效果显著。

5. 配合绿化施工。